U0835612

服装裁剪实用手册

上装篇

鲍卫君
陈荣富 编著

DHUP 東華大學出版社

内 容 提 要

《服装裁剪实用手册——上装篇》是上衣裁剪的工具书。全书共分四章，从女性体型特征入手，深入浅出、详细地阐述了女装省道的形成与变化、省道的设计原理、省道转移的方法及具体应用。通过对无袖上衣、短袖上衣、长袖上衣、连衣裙、休闲上衣、套装、风衣、大衣等女上衣八大品种近一百四十个流行款式的剖析，使读者能在较短的时间里掌握女装结构设计的原理、制图方法，并能在实践中举一反三地加以灵活运用。

本书图文并茂，便于读者理解和自学，同时兼具知识性、实用性和资料性，除可供服装设计、裁剪制作的读者学习鉴赏外，也可作为培训服装专业人员的教材、高等院校服装专业学生的课外参考书、服装设计制作人员的参考资料。

图书在版编目(CIP)数据

服装裁剪实用手册·上装篇/鲍卫君，陈荣富编著. —上海：东华大学出版社，2012.4

ISBN 978—7—5669—0029—6

Ⅰ.①服... Ⅱ.①鲍... Ⅲ.①服装量裁—手册 Ⅳ.①TS941.631—62

中国版本图书馆 CIP 数据核字(2012)第 056012 号

责任编辑 杜亚玲

封面设计 BO:OK[比克设计] mochee@vip.sina.com

服装裁剪实用手册

上装篇

鲍卫君 陈荣富 编著

东华大学出版社出版

（上海市延安西路 1882 号 邮政编码：200051）

新华书店上海发行所发行 苏州美柯乐制版印务有限责任公司印刷

开本 787×1092 1/16 印张 8.25 字数 200 千字

2012 年 5 月第 2 版 2025 年 3 月第 15 次印刷

ISBN 978—7—5669—0029—6

定价：30.00 元

目录

前言

自中国加入世贸组织后，新世纪的中国服装产业，越来越感受到国际化大潮带来的一浪又一浪的强大压力。这种形势，既为中国服装产业带来了空前的机遇，同时也带来了空前的挑战。在服装业繁荣兴旺，服装教育发展迅猛，服装从业人员队伍日益扩大的同时，企业对服装技术人员的要求也越来越高。因此，培养和提高服装技术人员的素质，为企业的再生和发展注入科学技术的活力，是服装教育工作者义不容辞的责任。

服装裁剪实用手册，从实用性出发，把服装主要部件领、袖、上衣身、下装（裙子、裤子、裙裤）单列成册，组成系列，从结构原理和裁剪要点上进行了详细的阐述，同时对大量的款式结构图进行了剖析，以便于读者在服装结构理论的指导下进行实践和体会。全书内容全面系统，既有很高的实用价值，又有很强的资料收藏价值。该系列丛书共四册，分别为：

《服装裁剪实用手册——领型篇》

《服装裁剪实用手册——袖型篇》

《服装裁剪实用手册——上装篇》

《服装裁剪实用手册——下装篇》

该系列丛书的作者均为具有丰富教学实践经验和多年从事服装企业技术工作经验的高校教师，该系列书的出版，是教师们回报社会，服务社会，为我国服装业的繁荣献出的一份真情。但由于教学工作的繁忙及水平的限制，错误之处在所难免，敬请读者批评指正。

第一章

服装裁剪基础知识

第一节　服装术语、常用代号与符号

为了使服装技术得以发展和交流，使服装工业的理论研究得以深化，必须将服装术语、裁剪制图符号等作为一种基本技术语言加以统一、规范，以便于识别，避免差错，促进我国服装用语日趋完善和规范。

一、服装术语

领窝：前后衣片与领子缝合的部位。

门襟、里襟：上衣胸前重叠的部位。

叠门：即门襟、里襟相重叠的部位。

止口：指叠门、领子、口袋等边缘部位。

缉止口：沿服装边缘(止口)缉线。

挂面：也称过面，即门襟、里襟的贴边。

克夫：系外来语。指沿袖口边的镶边，也指上衣腰口、裤口的镶边。

育克：系外来语，又译约克。指服装上的横向剪接线。

侧缝：也称肋缝、摆缝，缝合前后衣片的缝子。

驳头：衣片上随领子一起翻出的挂面上段部位。

驳口线：也称翻折线，指驳头翻折处的直线。

串口线：与驳口线相交的直开领斜线。

收省：因人体曲线造型的需要而将多余的部分缝去。有胸省、肋省、肩省、腰省等。

折裥：根据造型或设计上的需要，将多余的部分折叠熨烫，缝住一端，另一端散开。有单褶、双褶和明褶、暗褶之分。

开衩：因服装造型需要及穿脱、行走方便而设置的开口形式。

缝份：俗称缝头或做缝。为缝合衣片在尺寸线外侧预留的边。

对位记号：也称刀眼。在衣服的某些部位打上剪口，缝纫时剪口记号相对、剪口记号与拼缝线相对，此剪口称为对位记号。

画顺：直线与弧线、弧线与弧线的连接要光滑圆顺，称为画顺。

翘势：也称起翘。在平线上逐渐提高画线形成弧线，称翘势。

里外匀：外层衣片均匀地比里层长一点、宽一点，使两层衣片缝制成自然卷曲状态，其卷曲越大则窝势越足。

钻眼：用钻子在图纸或裁片部位打眼，作定位和缝制标志。如袋位、省位等处于衣片中间的标志。

二、服装制图常用代号

在服装制图中引进部位代号，主要是为了书写方便，同时也为了制图画面的整洁。大部分的部位代号都是以相应的英文名词首位字母或两个首位字母的组合表示的，如表 1－1 所示。

表 1－1　服装制图常用代号

名　称	代　号	英文名称说明	名　称	代　号	英文名称说明
胸　围	B	Bust	膝　线	KL	Knee Line
乳下围	UB	Under Bust	乳峰点	BP	Bust Point
腰　围	W	Waist	侧颈点	SNP	Side Neck Point
中臀围	MH	Middle Hip	前颈点	FNP	Front Neck Point
臀　围	H	Hip	后颈点	BNP	Back Neck Point
胸围线	BL	Bust Line	肩峰点	SP	Shoulder Point
乳峰线	BPL	Bust Point Line	袖　窿	AH	Arm Hole
腰围线	WL	Waist Line	头　围	HS	Head Size
中臀围线	MHL	Middle Hip Line	前中心线	FC	Front Center
臀围线	HL	Hip Line	后中心线	BC	Back Center
肘　线	EL	Elbow Line			

三、制图、裁剪、缝纫常用符号

制图、裁剪、缝纫符号是进行制图、裁剪、缝纫操作时，便于识别，避免识别差错而统一制定的标记。表 1－2 所列的是制图、裁剪、缝纫常用符号。

表 1－2　制图、裁剪、缝纫常用符号

名　称	符　号	说　明
轮廓线		又称净线、制成线、净缝线，以粗实线表示。裁剪时必须在此线外加缝份
基础线		衣片各部位制图时的辅助线，以细实线表示
连折线		表示衣片沿线相向连折（如后中线、驳口线等），不能剪开
等分线		表示衣片某一线段分成若干相等的小段

名 称	符 号	说 明
拼 接		标在衣片拼接端，表示符号左右衣片以中间直线为拼缝拼接
对 格		表示需要和衣料的格纹对准
对 条		表示需要和衣料的条纹对准
对 花		表示需要和衣料的花纹对准
扣眼位		服装扣眼位置的标记
钻眼位		上下层需钻眼对位的符号
点眼位		关键点位置的标记(如确定省尖、袋口等位置)
钮 位		服装钉钮扣位置的标记
对 位		表示衣片需对位打剪口的位置
明 裥	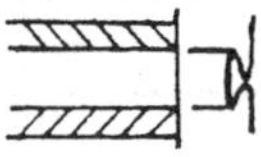	表示裥面在上的褶裥
暗 裥	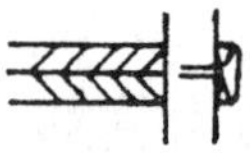	表示裥面在下的褶裥
褶 裥	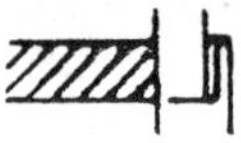	表示斜线方向由高向低折叠成褶裥
缩 裥		表示用衣料直接收缩成皱裥，标在皱裥所在轮廓线旁侧
省 缝		表示从衣片轮廓线开始收省的省缝，如肩省
		表示位于衣片中间的省缝，如上衣腰省
经向(丝缕方向)		箭头指向表示衣料的经向，裁剪时衣料经丝方向与箭头平行
倒 顺	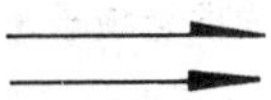	箭头所指方向为衣料顺毛方向

名 称	符 号	说 明
直 角	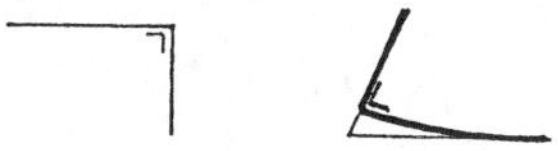	制图时表示两条线互相垂直
重叠等长		表示相关衣片交叉重叠，衣片在重叠部分各自保持完整，如侧缝的交叉重叠等，同时还标有等长符号
同 寸	◎ ϕ ▲ ○	代替标注尺寸的数字，同符号直线或弧线长度相同
剪 切		按剪刀所指方向对纸样进行剪切、修正，以达到造型需要
否 定	×	表示图中错误线条作废的记号，直接打在错线上
标注尺寸	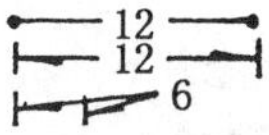	表示裁片部位的长度
明 线	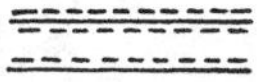	衣片表面的缉线标记，实线表示衣片某部位的轮廓线，虚线表示缉线线迹
整 形	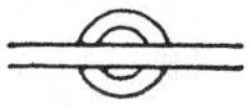	由同一块面料制成却不在同一纸样上的某一部位，需在原结构线两侧标出整形符号，表示原结构线两侧为同一整体，不能剪开
罗 口		表示装罗口的位置，如衣摆、袖口处
拉 伸		表示在某一部位需做熨烫拉伸
归 拢	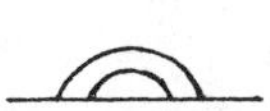	根据体形需要，衣片在缝制时应稍加紧缩的部位，如后片肩缝等
拔 开		根据体形需要，衣片在缝制时应稍拉宽的部位，如衣片侧缝的腰节处等
塔 克		表示衣片连续折叠狭条后用缝纫机缉线
剪开与折叠	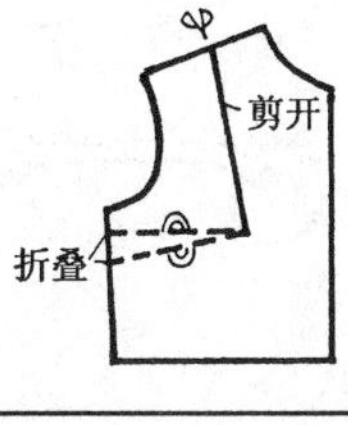	剪开与折叠符号表示将省折叠后剪开线部分自然张开，实际上是将省道进行了转移

第二节　服装制作常用工具

在整个服装制图和缝制过程中，需要用到很多工具，能否正确和熟练地使用它们，关系到服装制作的质量、效率和水平。

一、制图工具（见图 1－2－1）

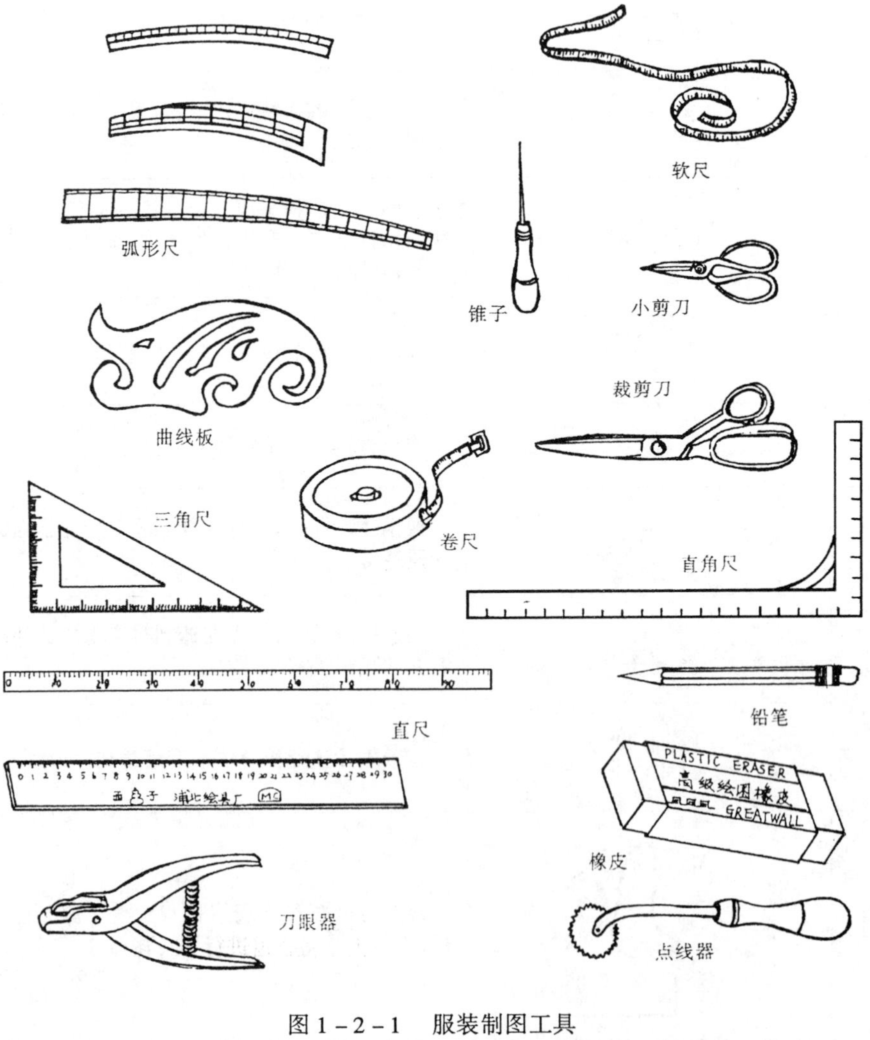

图 1－2－1　服装制图工具

工作台：用于制图和裁剪服装。桌面要平整，可用三夹板或密度板覆面。桌子的规格一般长 2 m，宽 1 m，高 0.8 m。这样的桌子正好能放下 90 cm 门幅的面料，而宽幅的面料可叠成双层进行裁剪，制图和裁剪都比较便利，对于小型服装加工店及家庭都比较适合。

纸张：常用的纸有白纸、牛皮纸和卡纸等。一般制图用白纸、牛皮纸，卡纸用来制作净样板，如袋盖、领子、挂面等，以达到制作的精确。

尺：制图用的尺有软尺、直尺、弧线尺、曲线板、三角尺等。软尺用于量体、量取图纸中的弧长，如袖窿、领窝等。直尺用于图纸中直线的绘制。弧线尺、曲线板用于袖窿、领窝部分弧线的绘制。

钻子：用于图纸中省位、裥位、袋位等的定位，也可用于复制纸样。做衣服时，可用于衣服左右两片的袋位、省位等的定位，以免出现高低和大小不一的现象。在缝纫时，钻子可用来挑出缝好的领角、摆角和袋角等。

点线器：主要用于复制样板，或用于复制图纸上重叠交叉的部位，把需要复制的部位用点线器描下来，再制成样板。

刀眼器：其作用是在图纸中需要对位的地方打剪口。如果没有刀眼器，则可用剪刀剪三角形剪口，深度不得超过 0.5 cm，宽度约 0.3 cm。

剪刀：常有制版时剪纸用的剪纸刀、裁布用的裁剪刀和车缝时用的小剪刀等，最好不要混用。

铅笔：在制图时一般采用绘图铅笔，常用的铅笔有 H、HB、2B 等。选用笔的软硬度可根据使用者的习惯和爱好决定，只要将图意表达清楚即可。

透明胶带纸：用于图纸的拼接、粘贴、改错等。

二、裁剪、缝纫工具(见图 1－2－2)

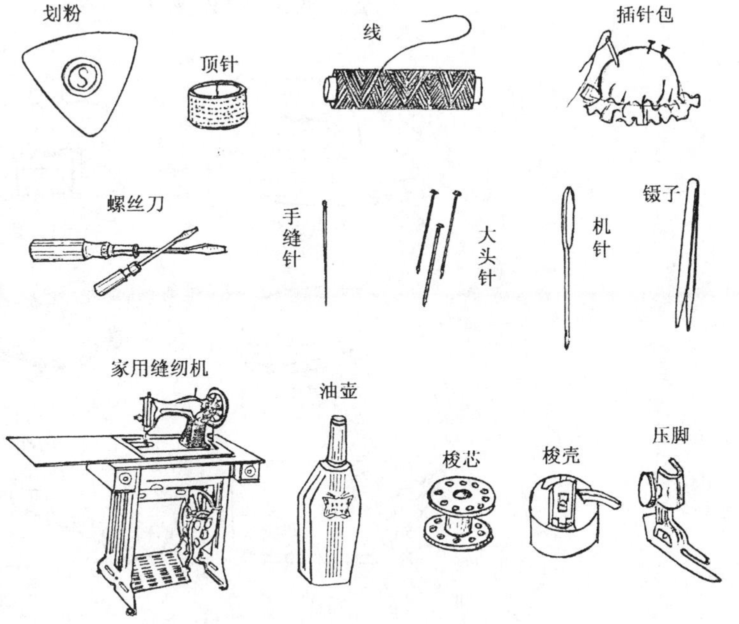

图 1－2－2　裁剪、缝纫工具

划粉：将制好的服装纸样复制在面料上需要用划粉来完成。将划粉竖立，沿纸样边缘轻轻地画，线条越细越精确。画错时，只要用手轻轻地拍打，就可去掉粉线。如不易拍净时，可打否定号“×”。在浅色面料上画线，要选颜色比较接近的划粉。

镊子：用来替代手触及不到或手指难以到达的地方。如翻领角、袋角、摆角、袖克夫、裤腰等尖角、直角部位。在缝制衣服时也可用镊子将布轻轻地推送至压脚，也可用它来拆缝制线。

针：常用的针有家用缝纫机针、工业缝纫机针、手缝针、大头针等。缝纫机针的规格不同，粗细也不同。9 号、11 号机针主要用于轻薄面料，11 号、14 号机针主要用于中等厚度的面料，14 号、16 号机针则用于厚型面料。手缝针也要根据面料的厚薄来选择，一般面料手缝时用 6 号、7 号针，轻薄面料用 8 号、9 号针。大头针主要用在缝纫前，将对位处、里面缉缝处、拼接处等部位别住，以防缝制时走形。

线：常用的缝纫用线有涤纶线（60S/3 股、40S/3 股），有用于轻薄面料的精梳棉丝光线（60S/3 股、80S/3 股）、涤棉混纺线（60S/3 股）等。线密度越小（支数的数值越大）则表示线越细，用线的粗细可根据面料的厚薄及性能来决定。

辅助压脚：缝纫机是靠压脚和送布牙配合进行缝纫的。压脚种类很多，其功能各不相同。压脚主要有平压脚、单边压脚、隐形拉链压脚、卷边压脚等。平压脚用于一般的缝纫；单边压脚在缝制普通拉链和滚边嵌线时十分方便；隐形拉链压脚用来缝制隐形拉链；卷边压脚用于缝制卷边。

除上述工具外，梭芯、梭壳是缝纫机的配件，针插包用来插针。

三、熨烫及其他工具（见图 1－2－3）

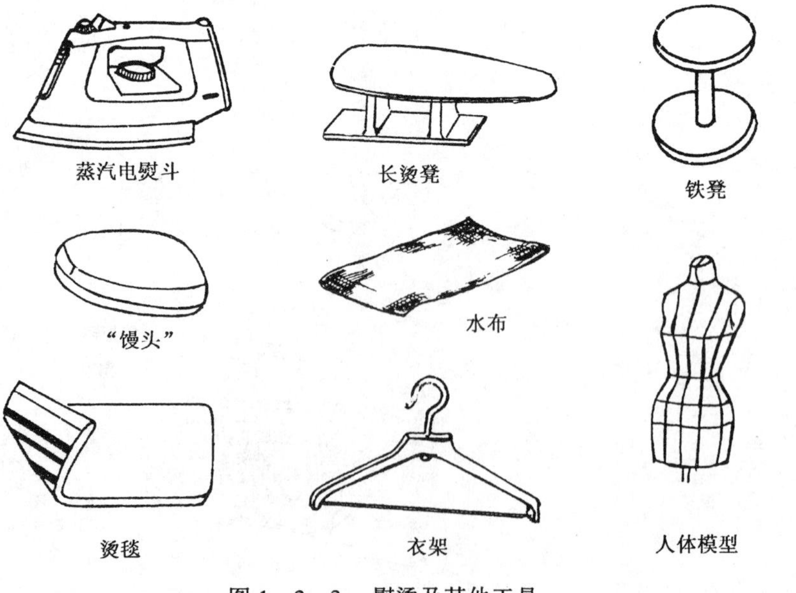

图 1－2－3　熨烫及其他工具

第三节　女上衣长度的选择和围度放松量的确定

一、女上衣长度的选择

女上衣长度是指衣长(连衣裙长)、袖长等,它是根据款式的要求、穿着者的爱好及流行等因素决定的。

1. 衣长的选择(见图 1－3－1)

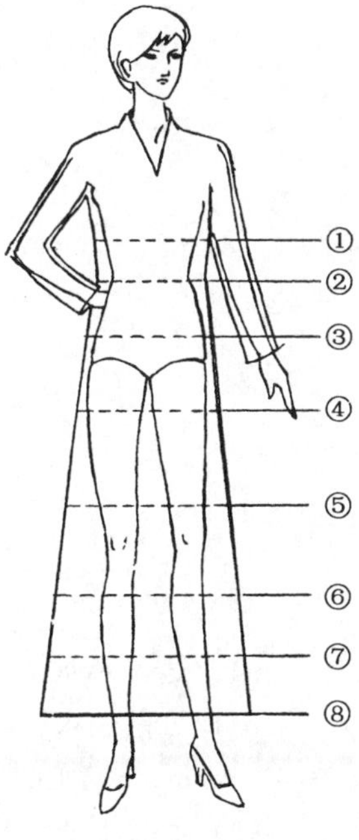

图 1－3－1　衣长的选择

采用原型法裁剪上衣时,从后颈点起沿着背部的起伏量至款式所需的长度作为衣长。

(1) 腰线以上的短上衣:在腰节线以上 5 cm 左右。通常在穿着时露出身体的一部分,一般为活泼好动的年轻女性所喜爱,以显示青春活力。

(2) 腰线上下的短上衣:衣长在腰节上下。除了夏季短装外,也有春秋季服装，如齐腰宽松的短上衣、短茄克、短马甲、短皮衣、短棉褛等。此类服装较前者普遍，深受年轻姑娘的喜爱，穿着富有朝气。

(3) 一般短上衣：长度在臀围线以上、腰围线以下，视个人爱好而定。款式以衬衣、马甲、短西装为主。

(4) 一般的上衣：其衣长在臀围线以下，一手长左右。一般为春秋季上衣，款式有短风衣、长马甲、西装、职业装等。

(5) 一般外套：其长度在膝盖以上、臀围线以下，款式有风衣、短大衣等。

(6)(7)(8) 长外套：其长度在膝盖以下、脚踝以上，款式以长大衣、长风衣为主。

2. 袖长的选择(见图 1－3－2)

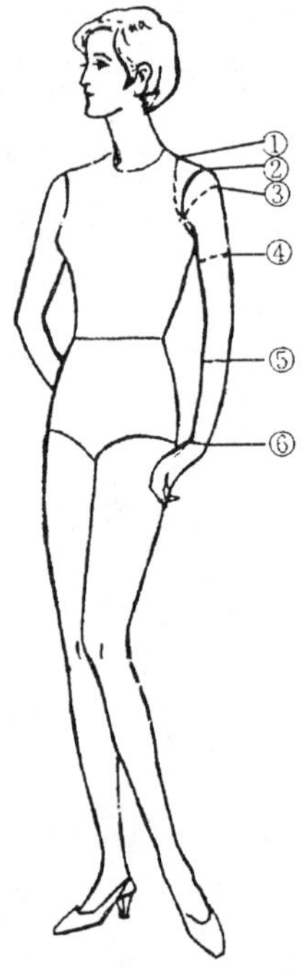

图 1－3－2　袖长的选择

袖长是指从肩点经手臂的肘点量至款式所需的长度。

(1) 无肩上衣：其袖窿的位置远离肩点，紧靠颈测点。一般肩宽只有 4～6 cm，呈背心式，通常为年轻女性所喜爱。

(2) 无袖上衣：其袖窿靠近肩点。款式有马甲、无袖上衣、无袖连衣裙等，是各个年龄段都喜欢的袖子长度。

(3) 连肩袖上衣：其袖口位置稍超过肩点，直接连接衣身，看似有袖。通常作为夏季的服装。

(4) 短袖上衣：袖长在肩点与肘点之间。款式主要有短袖衬衫、T恤衫等。

(5) 中袖：袖长在肘点和腕关节之间，适宜于春末、初秋的服装。

(6) 长袖：袖长在手腕处，该袖长在服装上应用最广。

二、服装围度放松量的确定

在纸样设计中，不仅要考虑服装穿着的美观性，还要考虑人体活动时的舒适性，即除了符合人体外形的静态尺寸外，更要考虑人体运动时的动态尺寸。因此，要给予人体的活动部位一定的放松量，满足人体一般活动要求而不对人体外表产生一定压力时的放松量是服装的基本放松量。根据科学测定，人体在运动时体表会伸长，表 1 – 3 所列的人体主要部位在运动时的体表最大伸长率就是决定服装围度放松量的主要依据。

表 1 – 3　人体主要部位的体表最大伸长率

伸长率 部位	横向最大伸长率（%）	纵向最大伸长率（%）
胸　部	12 ~ 14	6 ~ 8
背　部	16 ~ 18	20 ~ 22
臀　部	12 ~ 14	28 ~ 30
肘　部	18 ~ 20	34 ~ 36
膝　部	18 ~ 20	38 ~ 40

从表中可以看出，人体的不同部位其横向、纵向的伸长率是不同的，因此在设计服装的放松量时，应考虑伸长率的大小。此外还要考虑服装的穿着层次和款式造型对服装放松量的影响，以及不同的面料（针织面料由于其具有弹性，放松量可以为零甚至围度尺寸小于净体尺寸）、不同的季节、不同的穿着场合都有不同的放松量。另外，不同的穿着对象其放松量也是不同的，一般情况下，老年人和儿童宜多放，便于活动；年轻人可以少放些，以显示精干、体现活力。

第四节　样板基本缝头的加放

一、决定缝头宽窄的依据

纸样缝头宽窄，一方面要根据设计要求、面料的结构特点、缝制工艺来决定。

另一方面要根据面料价格的高低来决定缝头的宽窄。如面料价格较高的可适当多留些缝头，作为体型发生变化的调节量。如西裤后裆缝可留 3.5cm 的缝头。

另外，制作时缝型的不同、服装部位的不同，其缝头的加放是不同的。样板基本缝头的加放量参见表 1－4 和表 1－5。

表 1－4　不同缝份参考数据表

名　　称	说　　明	参考放量(cm)
分开缝	平缝后缝头两边分开烫平	1～1.2
坐倒缝	平缝后缝头向一边烫倒	1
来去缝	来去缝在正面看不见缝线，常用于薄型面料，免去三线包缝的工序	1.2
内包缝	正面可见一条线迹，反面可见两条线迹，常用于肩缝、袖缝	上层 0.7～0.85，下层 1.5～1.85
外包缝	正面可见两条线迹(一条面线，一条底线)，反面是一条底线线迹。常用于牛仔裤的侧缝、茄克衫等服装中	上层 0.7～0.85 下层 1.5～1.85
平绱缝	小片小件与主件齐边平缝	1
弯绱缝	绱一边或两边弯曲不直，如绱领子、绱袖子等	0.8～1
平叠缝	也称搭接缝。上下两层缝头重叠缝合	0.8～1
缝　边	也称止口	0.7～1

表 1－5　折边放量参考数据表

部　位	各类服装折边参考放量(cm)
底　摆	上衣：毛呢类 4，一般 3～3.5；衬衣 2～2.5；大衣 4.5～5
袖　口	一般与底摆放量相同
裤　口	一般 3.5～4；高档面料 5；短裤 3
裙　摆	一般 3～3.5；高档面料 4
口　袋	明贴袋无袋盖款式 3.5，有袋盖款式 1.5；小袋无袋盖款式 2.5，有袋盖款式 1.5
开　衩	一般为 1.7
开　口	装拉链或钉钮扣，一般为 1.5～1.7

二、缝头的加放方法

1. 基本原则

缝头要与轮廓线或针迹线平行加放，原则上宽度一致。见图 1－4－1。

这种加放缝头的优点是方便、迅速。但也存在一些问题。如：两裁片端角缝头大小不等，加工时容易错位，使缝制精度下降。要解决这个问题，必须采取以下方法：(1) 缝合线打对位剪口；(2) 端角的缝头作成四角形、且对应相等，只有这样才能保证缝纫质量。

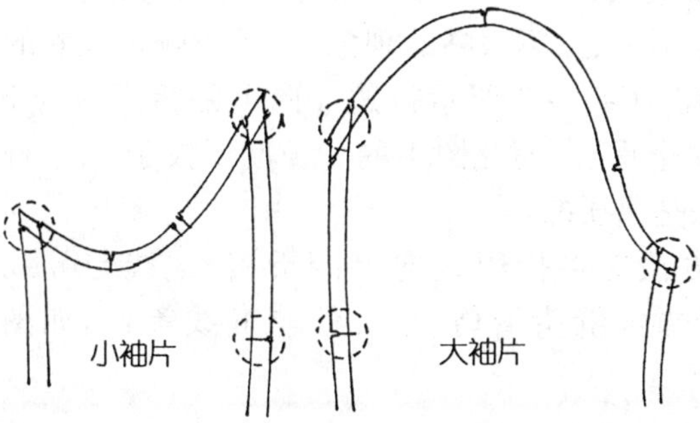

图 1－4－1　缝头与轮廓线(针迹线)加放示意

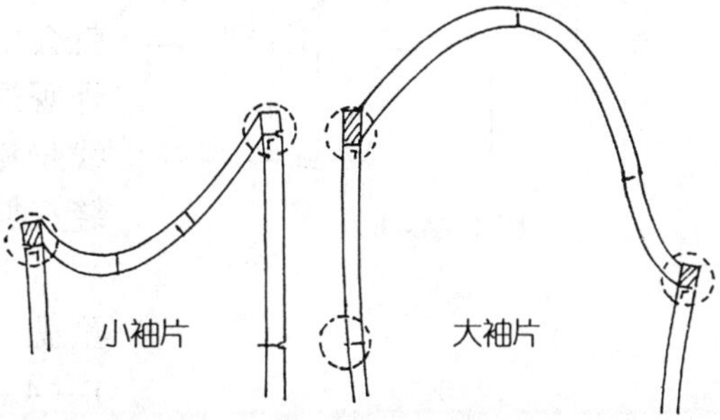

图 1－4－2　四角形端角放缝示意

2. 四角形端角的放缝方法

延长净线(针迹线)，与另一个缝头的边缘相交，过交点作一条直线垂直于净线(针迹线)，然后按缝头的宽度作出四角形，见图 1－4－2。

在设计端角缝头时，一般是从针迹线交叉角大的裁片开始。如果交叉角相等，则先设计哪一片都可以。如图 1－4－3 ①所示，针迹线交角 $a>a'$，故先设计交叉角大的一片。图 1－4－3 ②为端角缝合后分缝烫开后的示意图。

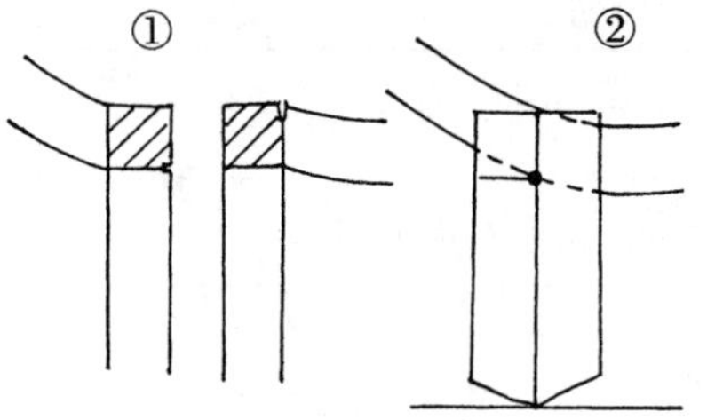

图 1－4－3

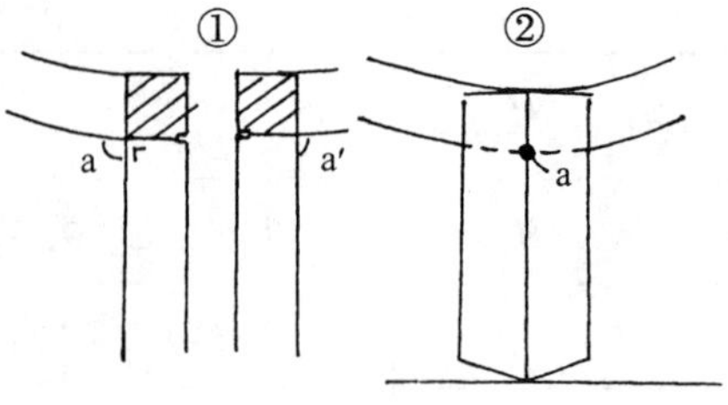

图 1－4－4

图 1－4－4 ①中，交叉角 a＝a′，故先设计哪一片的端角都可以。图 1－4－4 ②是端角缝合后分缝烫开的示意图。

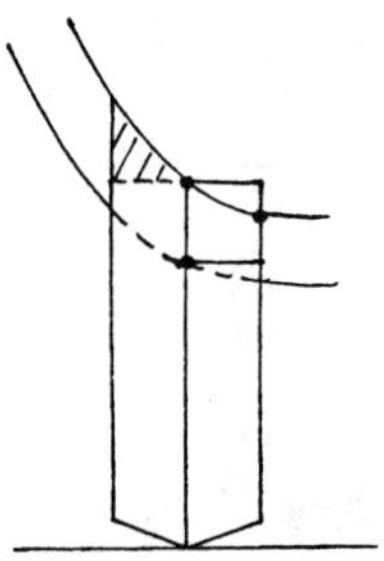

图 1－4－5

3. 无里布服装缝头的加放方法

四角形加放端角缝头，也有例外的，如茄克、外套等不加里布时，领口及袖窿处如仍按上述方法加放端角缝头，缝合后分缝烫开就会发现缺少一部分缝头，与其他部件组装后既不牢固也不美观，见图 1－4－5。解决方法：过针迹线交点 a 向里取一个缝头的宽度为 b，过 b 点作针迹线的平行线与另一个缝头交于 c 点，再过 c 点作 bc 线的垂线，取两个缝头宽做端角缝头，如图 1－4－6 中①所示。缝合分缝烫开后，将多余部分清剪掉，见图 1－4－6 ②所示。

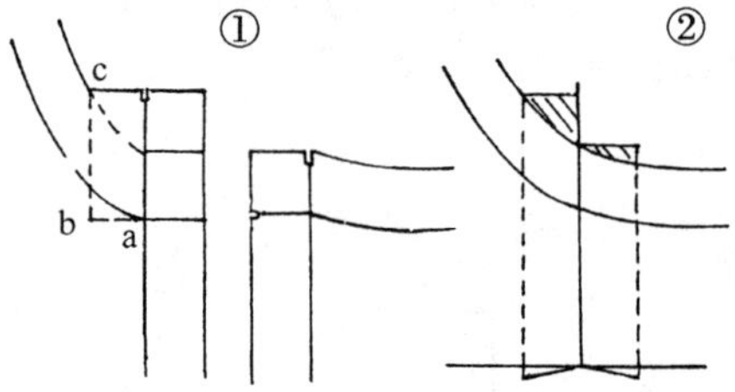

图 1－4－6

4. 底摆、裤口、袖口等部位折边缝头的加放方法

前后衣片的底摆、裤口、袖口等部位的折边，如按平行针迹线加放缝头，当面料与面料、里料与里料缝合时，就会出现尺寸不一、互不服帖的现象，严重影响了成衣的外观质量。如图 1－4－7 所示折边 a 向上翻折后应与 b 线长相等且完全重合，而此图中的 a 长度要大于 b，这种缝头加放方法是错误的。

正确的方法应将折边线向上翻折，使 a 线与 b 线重叠，然后沿纵向缝头清剪，使 a 线与 b 线等长。如图 1－4－8 所示。

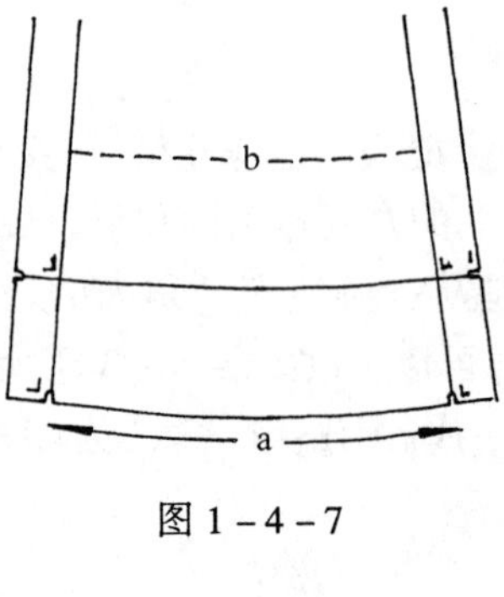

图 1－4－7

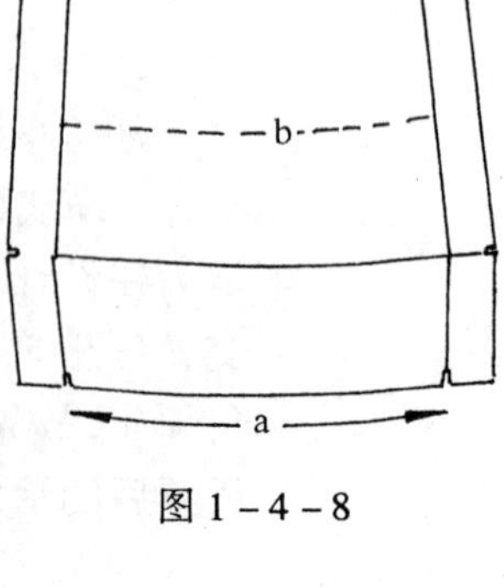

图 1－4－8

第二章

女上衣原型

原型是指符合人体原始状态的基本形状，是服装平面裁剪的基础型。人体外形，是由复杂的凹凸不平的各部位组成的，要把平面的布料做成合体的服装，就必须把凹凸不平的人体各部位的尺寸制成平面图，这个平面图就是原型。利用原型，任何服装款式都可以发展变化，非常方便。

女上衣原型是指适合于成年女性制作上衣的原型，即成年女性服装的基础型。它包括上半身衣片原型、袖片原型。

第一节　衣片原型制图

一、衣片原型制图方法

以右半身为基准制图，选择身高 160 cm、净胸围为 84 cm、背长为 37 cm 作为制图时的参考尺寸。制图步骤按图 2－1－1 中的①、②、③、④进行。图中 B 为胸围净体尺寸，即 84 cm。

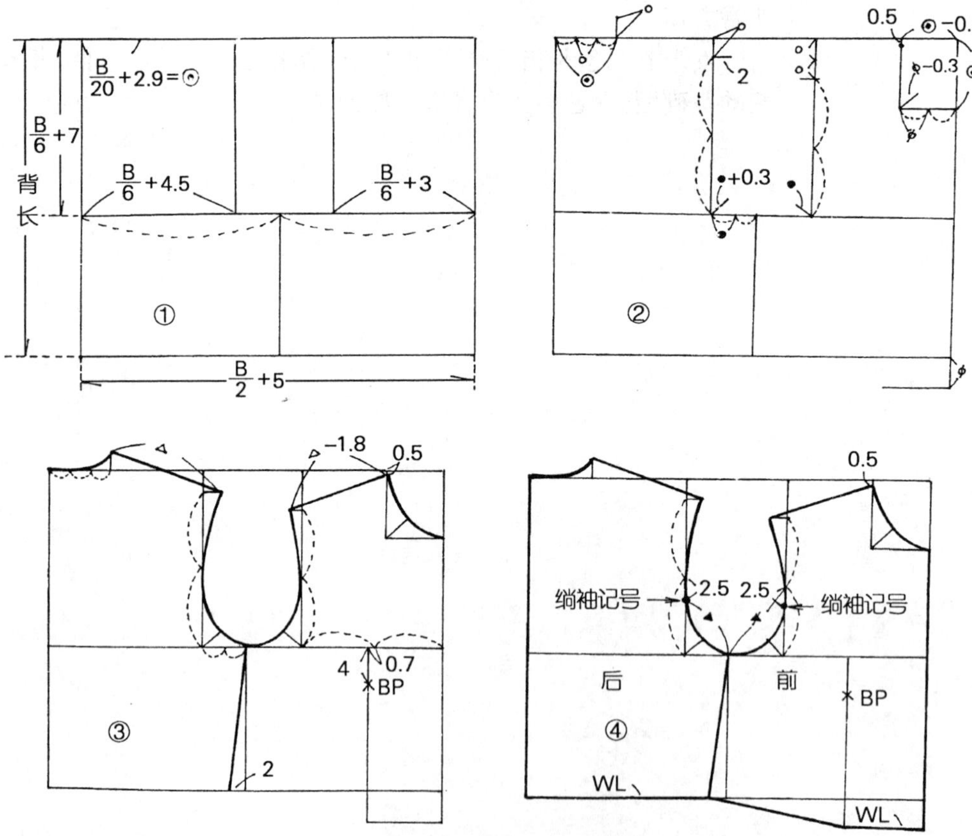

图 2－1－1　衣片原型的制图方法

二、衣片原型制作要点

1. 原型的胸围是在人体净胸围的基础上加入 10 cm 的松量，这是为了满足呼吸和运动时胸部变化的基础放松量。计算公式：$\frac{B}{2}+5$ cm。

2. 原型制图的步骤为先后身、再前身，本书中的制图步骤均如此，这与我国常用的传统裁剪方法是不同的。

3. 上半身原型的必要尺寸为净胸围尺寸、背长尺寸，而其他部位(如前后领宽、领深、胸宽、背宽等)是根据净胸围的一定比例加上适当的定数计算出来的，净胸围的量就决定了这些部位的大小变化。

4. 前身肩线比后身肩线短 1.8 cm，这是因为后肩预留了肩省的量。

5. 前身 BP 点(即胸高点)的位置是经过大量人体测量统计得出来的，避免了因用经验公式的不准确性。

6. 前身腰围线向后上起翘的部位是预留胸省的位置，原型的基本胸省是腋下胸省，制作实用基本原型时预留在侧缝线。

上述方法制作的原型为正常体原型，适用于大多数成年女性(包括稍胖和稍瘦的体型)。

对于一些特瘦或特胖的成年女性，则可以采用特瘦体原型和特胖体原型。

三、特瘦体原型制图

特瘦体型在我国南方女青年特别是一些女学生中较常见，其特征为：身高正常，胸围很小，而领宽、领深、胸宽、背宽、肩宽与正常体型相接近，如果使用正常体的原型，由于制图时各部位的尺寸是按胸围的比例数进行计算的，故其他部位的宽度不够，应使用特瘦体原型。

特瘦体原型的制图方法见图 2－1－2。制图参考尺寸：身高 160 cm、净胸围 78 cm、背长 37 cm。

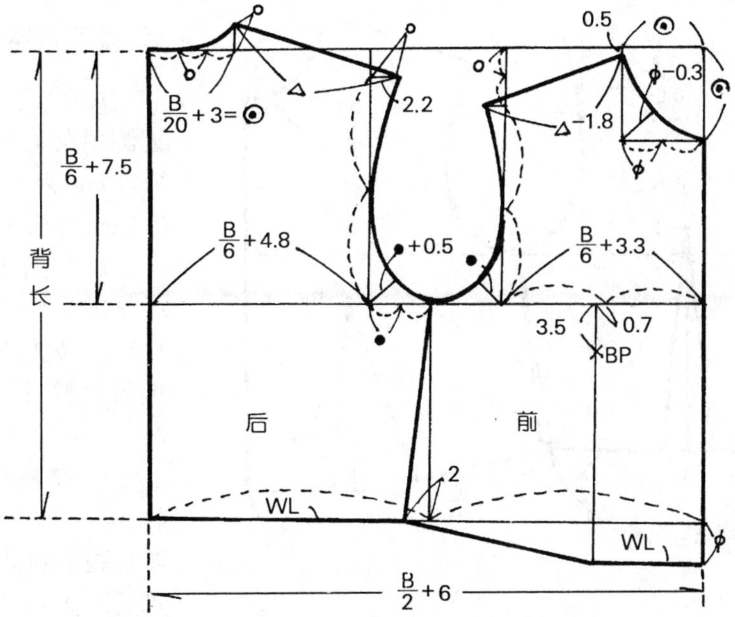

图 2－1－2　特瘦体原型

四、特胖体原型制图

特胖体型存在于一些高龄妇女及部分中年妇女中，其特征为：身高正常，胸围很大，而领宽、领深、胸宽、背宽却不大。如果使用正常体原型，会使所有宽度部分都显得很大，袖窿也太深，这种情况下应使用特胖体原型。

特胖体原型的制图方法见图 2－1－3。制图参考尺寸：身高 160 cm、净胸围 96 cm、背长 38 cm。

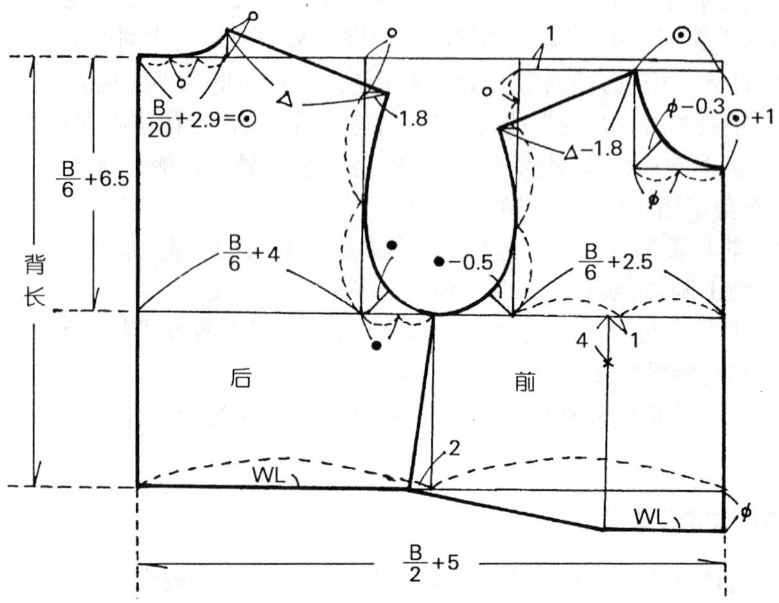

图 2－1－3　特胖体原型

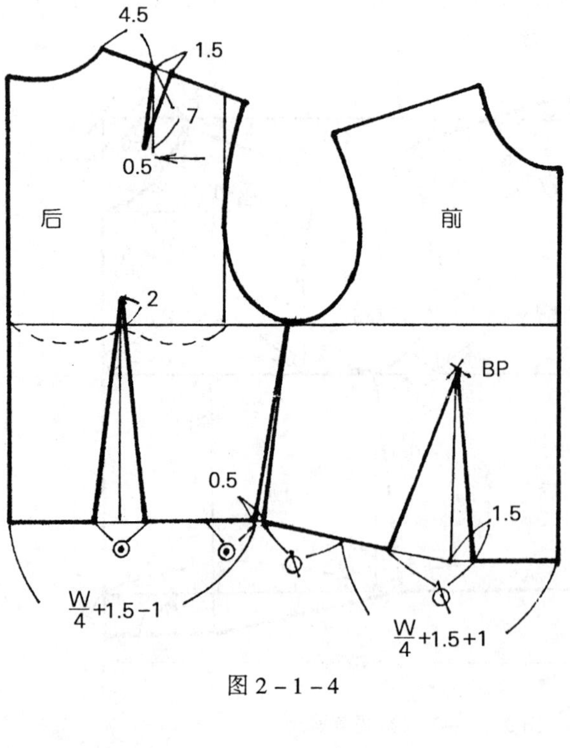

图 2－1－4

五、原型基本省道的确定

1. 作肩胛省（见图 2－1－4）：在靠近侧颈点 4.5 cm 处定一点，向下作垂线，取 7 cm 为省的长度，向后中方向平移 0.5 cm 为省尖，省的宽度为 1.5 cm。

2. 作后腰省：在后腰线上，将后侧缝线收进 0.5 cm，在腰线上取腰围的 1/4＋1.5 cm（放松量）－1 cm（前后差），剩余的量为后腰省的大小。后腰省的位置见图 2－1－4。

3. 作胸凸全省：在前腰线上取腰围的 1/4＋1.5 cm（放松量）＋1 cm（前后差），剩余的量为胸凸全省。胸凸全省的位置见图 2－1－4。

第二节　袖片原型制图

袖片原型制图应在衣片原型完成以后进行。正常体、特瘦体、特胖体的袖片原型制图方法相同。

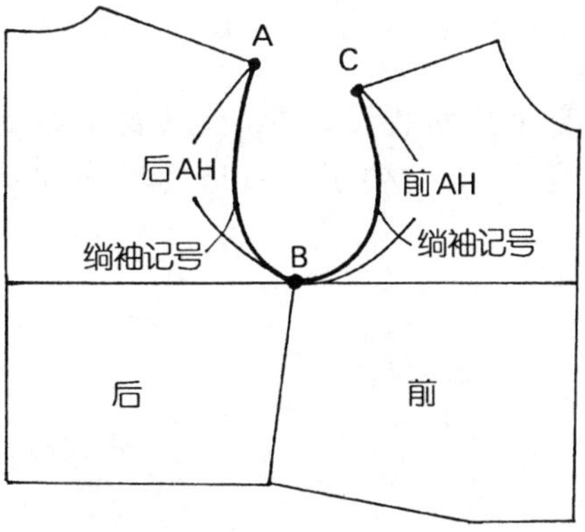

图 2－2－1

袖片原型制图的必要尺寸为袖窿弧长和袖长，袖山高、袖肥宽的尺寸是以袖窿弧长(AH)为基础计算出来的。因此袖窿弧长(AH)的测量是否正确，将影响到袖子和衣片是否正确地匹配。袖窿弧长(AH)的测量方法是：把软尺的边缘垂直于衣片的袖窿弧线上，如图 2－2－1 所示，从 A 点量到 B 点为后袖窿弧长(后 AH)，从 B 点量到 C 点为前袖窿弧长(前 AH)，后 AH＋前 AH＝AH。

一、制图方法

制图参考尺寸：袖长为 54 cm，袖窿弧长(AH)为实际测量所得。制图步骤按图 2－2－2 中的①、②进行。

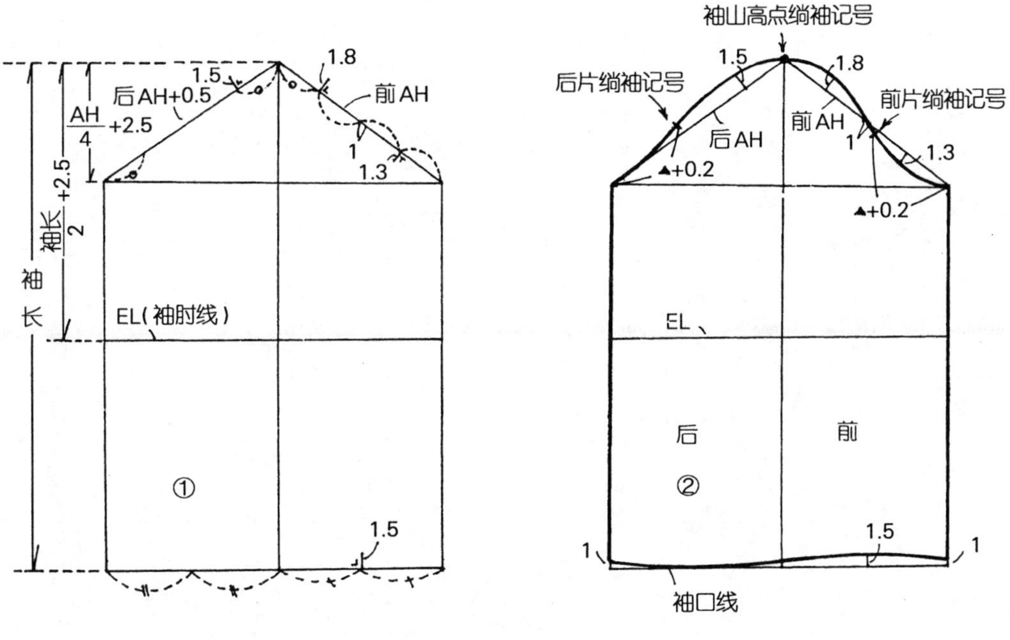

图 2－2－2

第三章

省道的设计与变化

女上衣结构中的省道的变化是女装设计的灵魂，要学好女上衣裁剪必须掌握省道的设计与变化，同时要了解省道的形成和女体的特征。

第一节　女性体型特征分析

一、男女骨骼的差异

骨骼决定人的外部形态特征，由于生理上的原因男女的骨骼有较明显的差异。男性的骨骼一般粗壮而突出，并且上身较发达，女性则相反。其体型的的外部特征为：男性一般肩较宽，胸廓体积大；女性肩窄小，胸廓体积小。女性的骨盆宽而厚；男性的骨盆窄而薄。形成了男性为倒梯形，女性为正梯形。见图 3－1－1。

二、男女肌肉及表层组织的差异

肌肉及表层组织的差异决定男女服装在造型上具有各自的特点：男性外形虽然起伏不平，但整体特征却显得平直，呈现出“筒型”；女性外形虽光滑圆润，但整体特征却起伏较大，显出优美的“S”形曲线，见图 3－1－2。

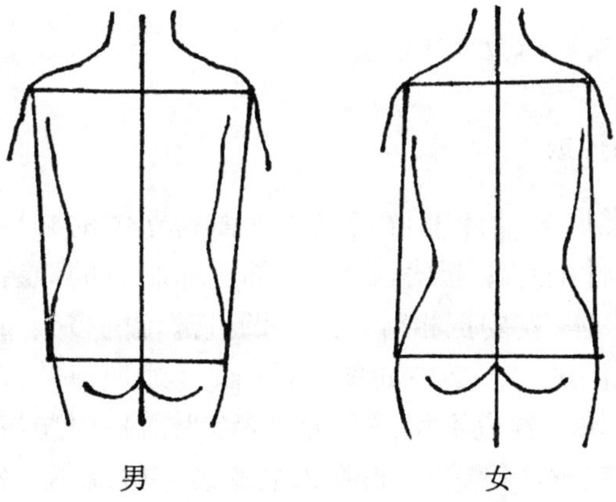

图 3－1－1　男女体型的差异(背面)

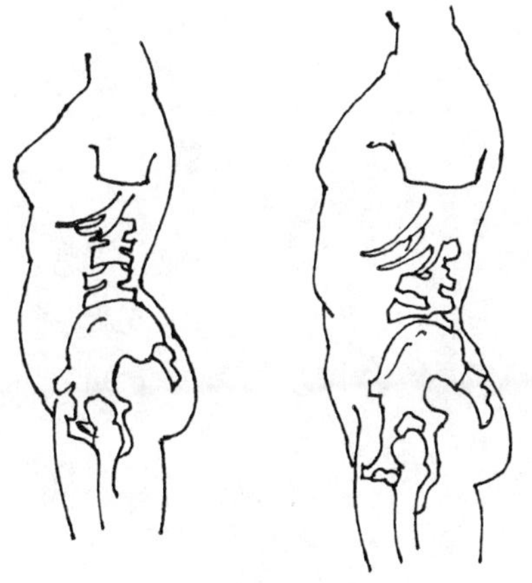

图 3－1－2　男女体型的差异(侧面)

第二节　省道设计原理

图 3－2－1 是女人体截面分布图，从图中可以看出，它并不是单纯的一个立体形状，而是一个复杂又起伏微妙的立体，尤其是胸部截面的变化，是决定上身结构的关键。

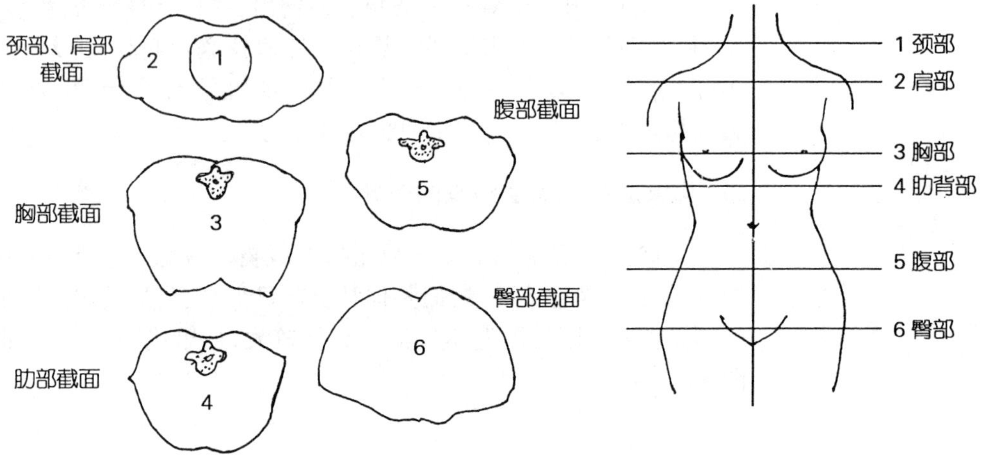

图 3－2－1　女人体横截面分布图

一、省道的形成

省道在服装设计中是完成从平面到立体的必要手段，由于女性的体型起伏很大，为了使缝制后的服装穿上后适合人体，就要把相对于人体凹进部位的多余布料处理掉，见图 3－2－2 中的斜线部分，这处理掉的部分就是省道（如果省道不用线缝死，则称为褶）。服装越紧身合体，省就越显得重要；很宽松的服装一般就不打省。省的大小、部位与人体的体表特征密切相关，我们可以通过实验来进一步观察胸省的形成过程。

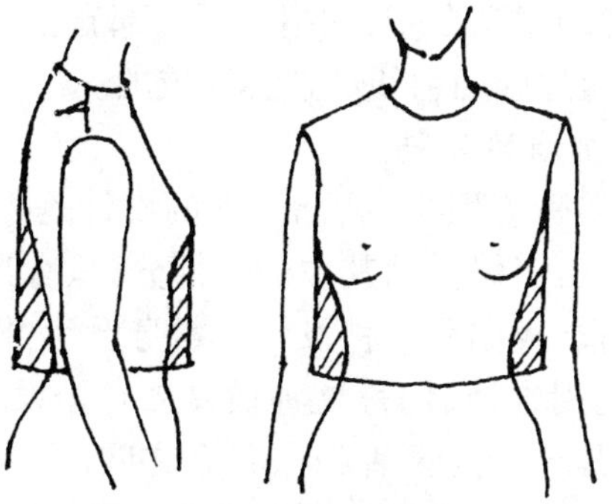

图 3－2－2　省道的形成

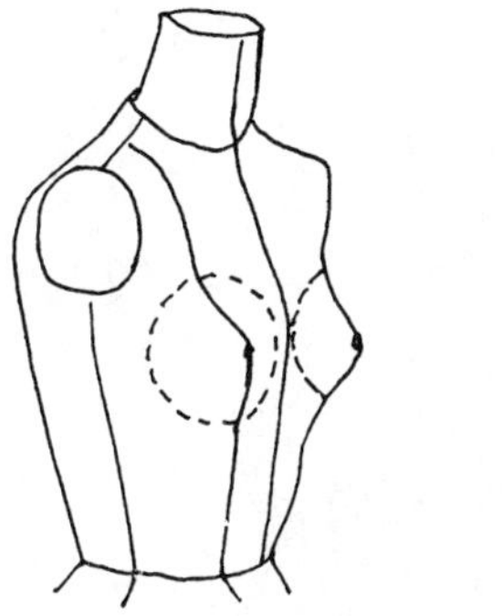

图 3－2－3　女人体胸部成锥形状

首先，如图 3－2－3 所示，把胸部近似想像成锥形，如图 3－2－4 所示，A 为乳点，用一张卡纸做一个圆形，从中取两个不同的扇形，分别去掉两个扇形而做成两个锥体，从它们的外观造型看，去掉的扇形面积小，则立体造型显得扁平；而去掉的扇形面积大，其立体造型突出。剪一块圆形的布放到圆锥上，将布与圆锥相帖合，这时会有多余的量产生，这个量在服装上称为省道，取下圆锥上的纸放平，平面图中省道形态如图 3－2－5 所示。

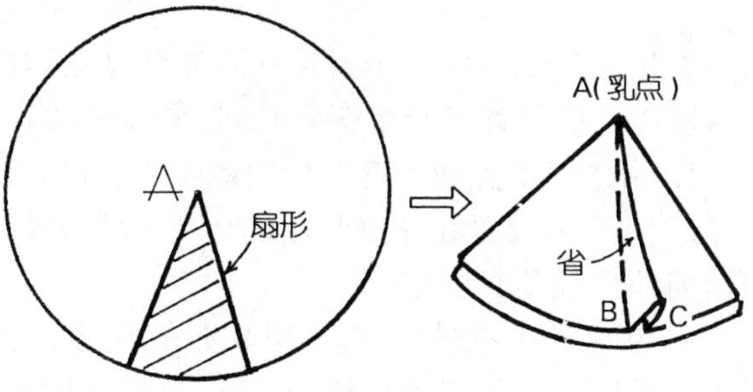

图 3－2－4　锥形状中省道的形态

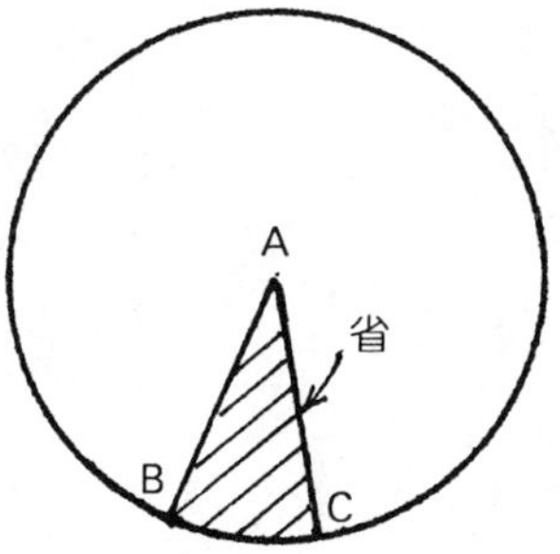

图 3－2－5　平面图中省道的形态

由实验可知，立体感强的锥体收的量大，立体感小的锥体收的量少，由此可知省道有如下特点：

1. 它是平面向立体转化的必要手段，而且在省道长度相等的情况下，省量越大，立体感越强；相反省量越小，立体感越差；

2. 不管从外缘的任何一点收缩，最终都要集中到顶点，才能得到相适应的形状；

3. 无论从外缘的哪一点收缩，收缩量的夹角相同，收缩点相同。

由以上实验证明：在突出部分的外缘需要设置省道，省尖必须指向突出部分的顶点。由于人体是一个凹凸不平的复杂曲面，因此，在设计合体服装时，需要在多部位设置省道，如胸部、腰部、背部、腹部、臀部等。

二、胸凸全省的意义与分解

1. 胸凸全省意义

胸凸全省是指包括乳凸量、前衣片胸腰差量和限定的设计量的总和。全省的意义在于，它指出了胸部省量设计和使用量的极限。胸省的设计是通过胸凸射线的选择完成的。

2. 全省的分解

在实际应用中，胸凸全省的设计是很灵活的，通常它是不会全部用尽的，而仅仅使用其中的一部分。只有当设计贴身造型的服装时，才应用全省，我们称这种设计为紧身设计；相反，当设计宽松造型的服装时，则不用省，我们称这种设计为宽松设计。而日常穿用的服装，其胸凸全省是介于这两种极限状态之间的。因此，省的设计应考虑人们的生活环境、活动范围和审美习惯等多方面的要求。

胸省的设计很灵活，它可从全省中分离出来，根据款式设计的风格，调整设计部位和大小，但其设计必须围绕 BP 点。

胸腰差省的设计原则是：必须设置在腰围线上，且要对准胸围线，但可以不对准 BP 点，它根据人体胸腰围各部分的差值大小灵活设计。

全省的部分转移，是使全省的部分省量转移到全省位置以外的地方；剩余的部分需在腰围线中作为腰省或松量。通常采用的方法是将胸凸量作为省的转移量，即将前片的弯曲腰线转化成水平线。

三、省道的设计原则

衣片原型是包括数个省道的人体合身立体造型的平面展开图，在作这些省道的设计和转移变化时，必须遵守以下基本原则：

1. 由体表凸点或凸起区域而产生的省道，可移而不可消；

2. 省道可设置在体表凸点或凸起区域边缘的任何位置，且省尖必须指向凸点或凸起区域；

3. 在设计中省道可移动，但其夹角不能改变。如图 3－2－6 所示，即当省长线与省的置换切线相等时，省的角度不变，开口量不变。当省长线与省的置换切线不相等时，省的角度仍不变，但开口量发生变化；

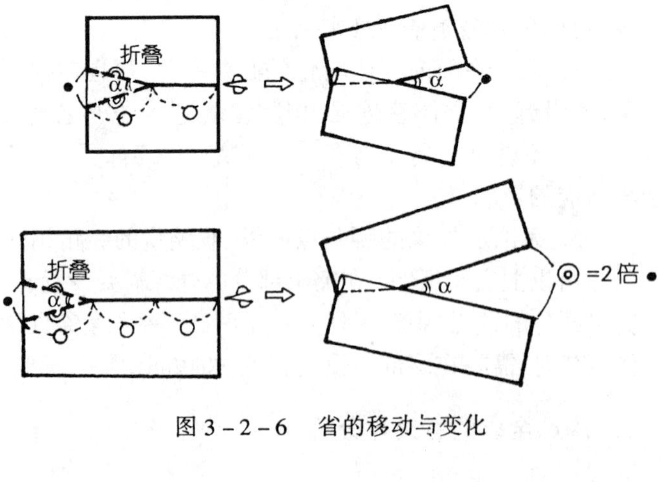

图 3－2－6　省的移动与变化

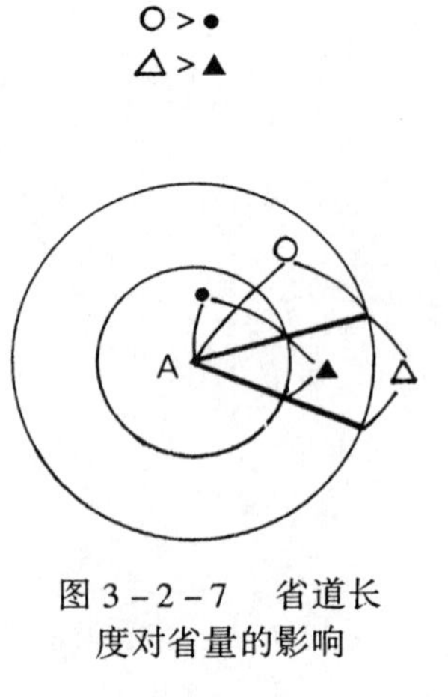

图 3－2－7　省道长度对省量的影响

例如前衣片 BP 点不位于衣片的中心，因此省道转移后，省道的长度会发生变化，省量也不相同，但其夹角不变。即省道越短，省量越小；省道越长，省量越大。如图 3－2－7 所示。

4. 设计中人体一个部位可以设置一个省，也可以设置两个或多个省；省的形式可以是省道，也可以是碎褶、饰褶等多种形式。

四、省道的作用范围

由于人体是一个复杂的曲面，而不是几何体，所以在设计省道时，尽管省尖的指向是凸点或凸起区域，但不能将省尖作在凸点，距凸点要有些空隙，所以省道的作用范围有两个：一是作用于凸点的指向范围，如胸乳点，如图 3－2－8；后者是一个区域的指向范围，如腹凸、臀凸等，如图 3－2－9。

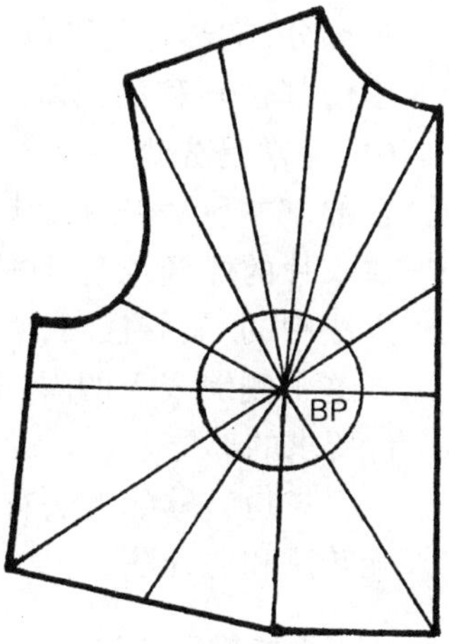

图 3－2－8　胸省射线

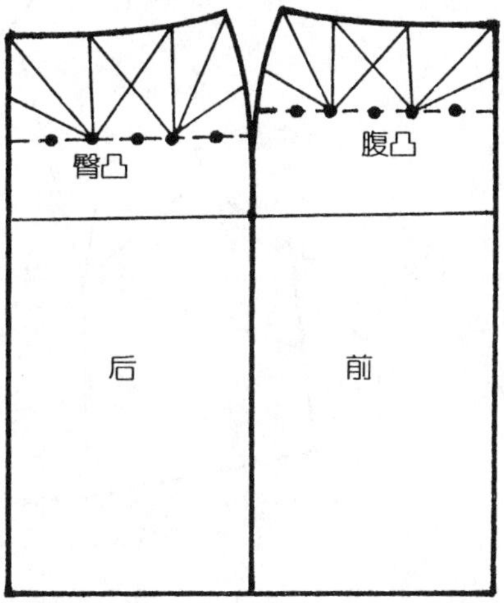

图 3－2－9　腹、臀凸点在同一区域内处处存在

第三节　省道转移的制图方法

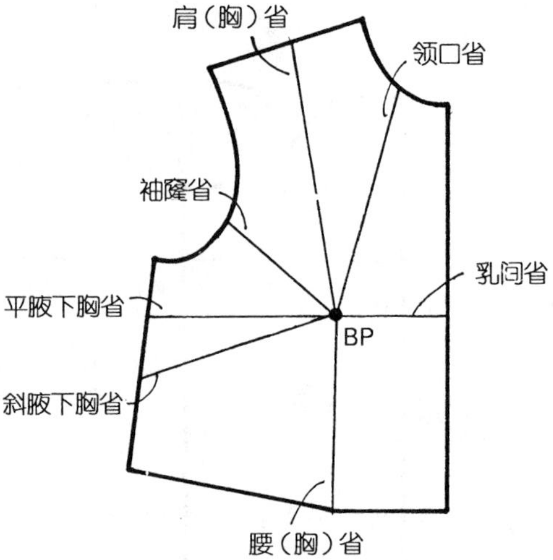

图 3－3－1　省道的指向为 BP 点

由前一节胸凸全省的意义和设计原理可知，全省可分为胸凸省、胸腰差省和设计量三部分，胸凸省是可以通过 BP 点向前衣片的任何部位转移的，如图 3－3－1。在实际运用中，通常是先做一个含有一个胸省和一个腰省的基本胸省样板，基本胸省样板的胸省设在衣片的侧缝线上(具体制作方法见省道转移方法中的“旋转法”)，然后再根据具体的款式将这个侧缝线上的省(即腋下胸省)转移到设计要求的部位。

省道转移的方法有三种：调整前后差法、旋转法和剪开法。

一、调整前后差法

这种方法适合于画腋下胸省，由于其制作方便，因此被广泛地应用。其具体制作方法见图 3－3－2，步骤为：

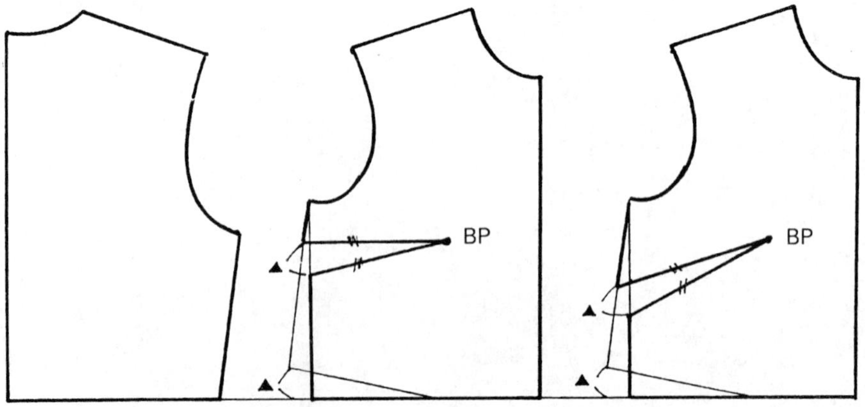

图 3－3－2　调整前后差法

1. 先将原型前后片的腰线处于同一条水平线上；

2. 在前片的腋下点向腰围水平线作垂线(如款式需要也可以作斜线)，该条线就是前片的侧缝线，这时前后侧缝线会产生一个差值▲，即预留的胸省量；

3. 在新的侧缝线上，确定省的位置(该省位可以是平的，也可以是斜的)，将省位的两点分别与 BP 点连接，即得到腋下胸省。

二、旋转法

(一) 制作基本胸省样板

此方法适用于图 3-3-1 中除腰胸省以外的所有胸省。为了便于实际操作，通常是先做一个含有一个胸省和一个腰省的基本胸省样板，见图 3-3-3，具体制作方法如下：

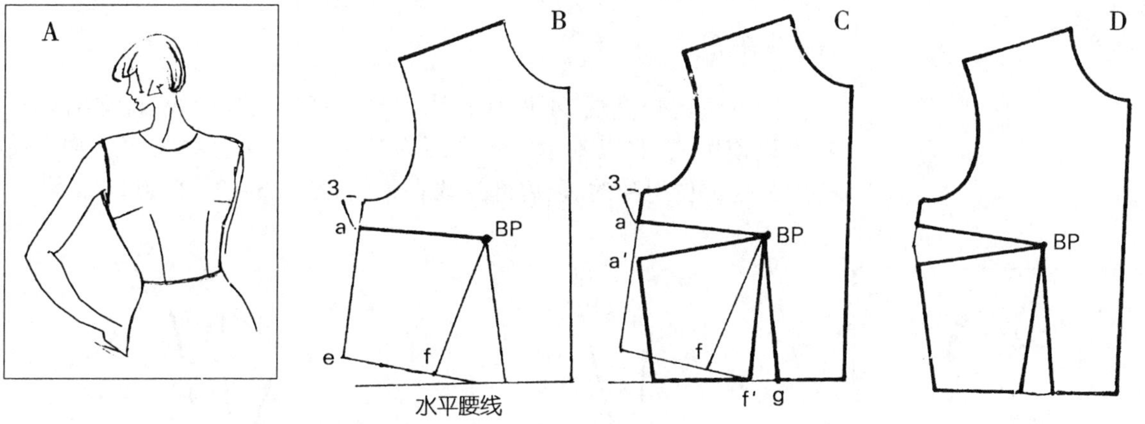

图 3-3-3　基本胸省样板制作方法

1. 延长前腰水平线，在侧缝线上设计胸省，定出点 a，距袖窿底点 3 cm，连接 a 点 BP 点；

2. 用锥子定住 BP 点，逆时针转动原型，使其腰部起翘最高点 e 转到水平腰线上，作出旋转后的省位记号 f′、a′；

3. 连接 a′点 BP 点、f′点 BP 点，完成新的样板，该样板即为含有一个胸省和一个腰省的基本胸省样板。

(二) 以基本胸省样板为基础进行胸省转移

除腰胸省以外的其他胸省，在基本胸省样板的基础上进行制作，会显得很方便。以袖窿省为例，具体操作如图 3-3-4，步骤为：

1. 画出基本胸省样板，在袖窿线上设计胸省，定出点 b，连接 b 点、BP 点；

2. 用锥子定住 BP 点，逆时针转动原型，使 a 点与 a′点重合，作上省位记号 b′点；

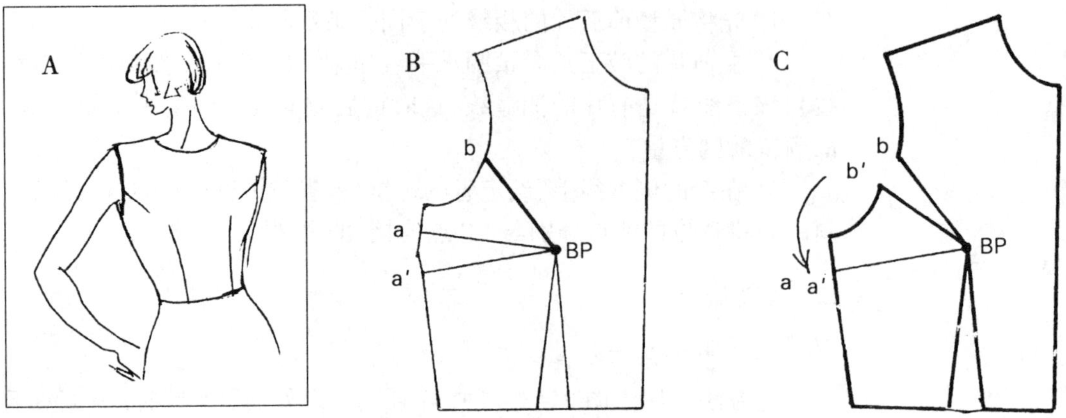

图 3－3－4　胸省旋转法

3. 连接 b′点 BP 点，即得到袖窿省。

三、剪开法

此方法比较直观，不论是直线省、折线省，还是曲线省、非对称省都可以使用。它是以基本胸省样板为基础，通过剪开线将腋下胸省转移到其他部位得到的。以肩部折线省为例，见图 3－3－5，操作如下：

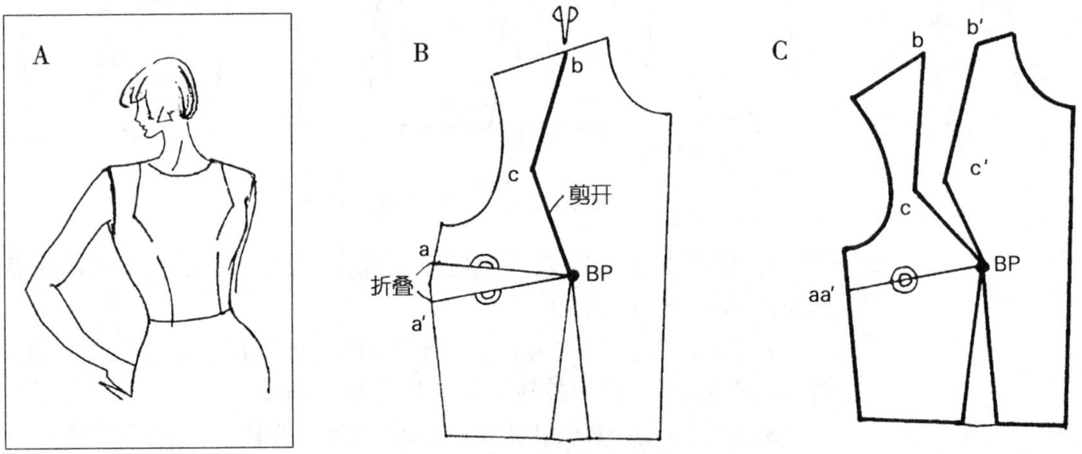

图 3－3－5　剪开法

1. 画出基本胸省样板，在肩上设计折线省，定点 b、c，连接点 b、c、BP 点；

2. 沿点 b、c、BP 点将折线剪开，然后使点 a、a′重合，即闭合了腋下胸省，同时使得剪开线自然张开，得到了肩部折线省。

第四节　省道的设计

一、省道的设计原则

在衣片上作省道，可依据凸出部位的需要从各个方向进行。设计省道时，其数量可以是单个而集中的，也可以是多个而分散的；其形式可以是直线形、折线形、曲线形、碎褶式、饰褶式等。但从造型和缝制工艺角度考虑，单个省的省量往往很大，省尖突出，外观造型不够圆顺；曲线很大的省，面料易变形，工艺难度大。因此这两种省很少设计。

二、省尖设计

一般省尖与人体凸起部位相吻合，但由于人体曲面变化是平缓的而不是突变的，故实际缝制的省尖只能对准曲率变化最大的区域，而不能完全缝制于曲率变化最大的点上。如前衣片的省道，尽管省尖都对准 BP 点，但省道实际缝制时，省尖距离 BP 点一般为 2 ~ 4 cm。具体设计时，一般原则是：省量大，省尖距 BP 点近；省量小，省尖距 BP 点远。一般参考值是：肩省距 BP 点约 4 ~ 5 cm，袖窿省距 BP 点约 2 ~ 3 cm，腋下胸省距 BP 点约 3 ~ 4 cm，腰省、腰胸省距 BP 点约 2 ~ 3 cm。图 3 - 4 - 1 为各部位胸省的修正情况。

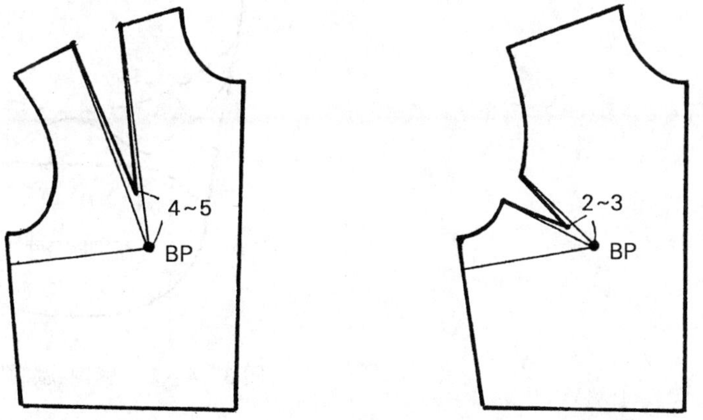

A 肩省　　　　B 袖窿省

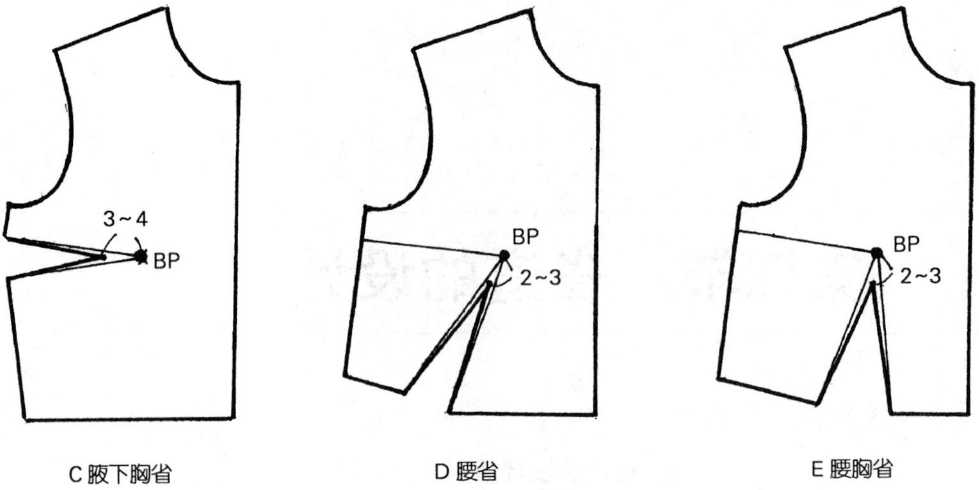

图 3－4－1　省尖距 BP 点的位置

三、腰省的设计

腰省是由胸廓与腰围差值而引起的，而此差值在整个胸廓圆周上基本是均匀分布的。见图 3－4－2。因此，腰省的设计通常是可以在腰围上移动而不能旋转，其省量的大小是根据造型的需要而定，剩余的胸腰差值作为松量含在腰围中。例如，女装原型的前衣片，其全省部分转移，主要是指胸省量的转移，而剩余的胸腰差量和设计量仍然含在腰围中成为宽松量，在省道的应用设计中，可根据造型需要适当选择腰省。当作贴身设计时，需做全省，即将剩余的省量全部做成腰省；当腰部作宽松设计时，可不做腰省，腰省量转化成松量。通常在结构设计中，根据造型的需要腰围的放松量可随意决定，若省量大时，可设计多个腰省。这样会使衣服更伏贴，线条更优美。

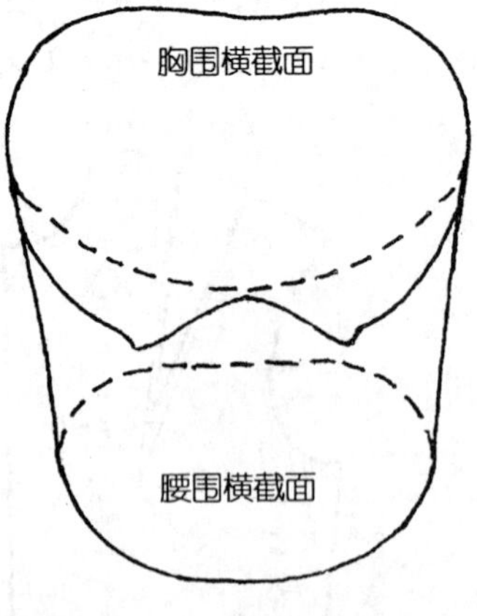

图 3－4－2　胸围、腰围横向截面图

四、服装分割线设计

服装样板要与人体曲线相吻合，须在纵向和横向以及斜向作出各种形状的省道，单在同一衣片上做过多的省道，一会影响服装的外观，二会影响服装的缝制效率和质量。故在服装结构设计中常将相关联的省道用分割线连接起来，使服装不仅从外观上加强造型效果，起到装饰美化作用；又可提高缝制效率，这种手法在设计中经常采用。它常使用于前胸、背及臀部。但服装分割线的设计对使用的面料有一定的要求，即有一定强度和厚度的面料较适宜，对薄而柔软的面料易产生皱折。

服装分割线设计的几项基本原则：

(1) 在款式设计许可的范围内，分割线尽量考虑通过或接近该部位曲率最大的凸点，以充分发挥省道的合体作用。如图 3－4－3 是前衣片公主线设计的两种不同情况，一种过 BP 点，另一种不过 BP 点，其立体造型是不相同的。

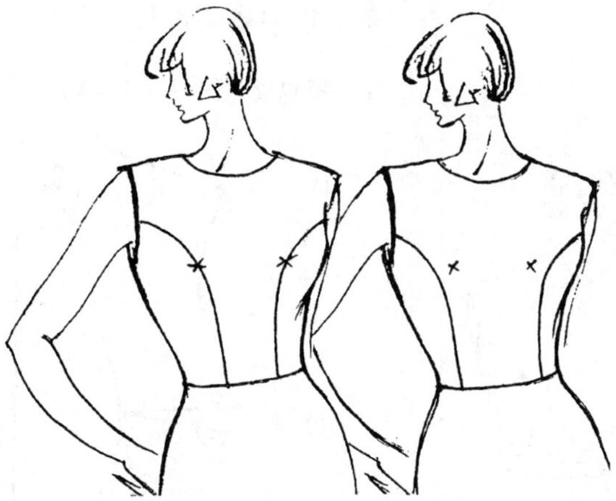

图 3－4－3　前衣片公主线设计的两种不同分割造型

(2) 在将省道设计为分割线时，应对分割线进行细部修正，使其线条光滑美观，不必完全按照省道的原来形状。

第五节　省道的应用

省道设计是女装设计的灵魂，正因有了省道的多种变化，才使得女装变得多姿多彩。以下是一些常用的省道设计应用实例，供读者学习和应用。

一、单个集中省道设计

1. 领口省(图 3－5－1)

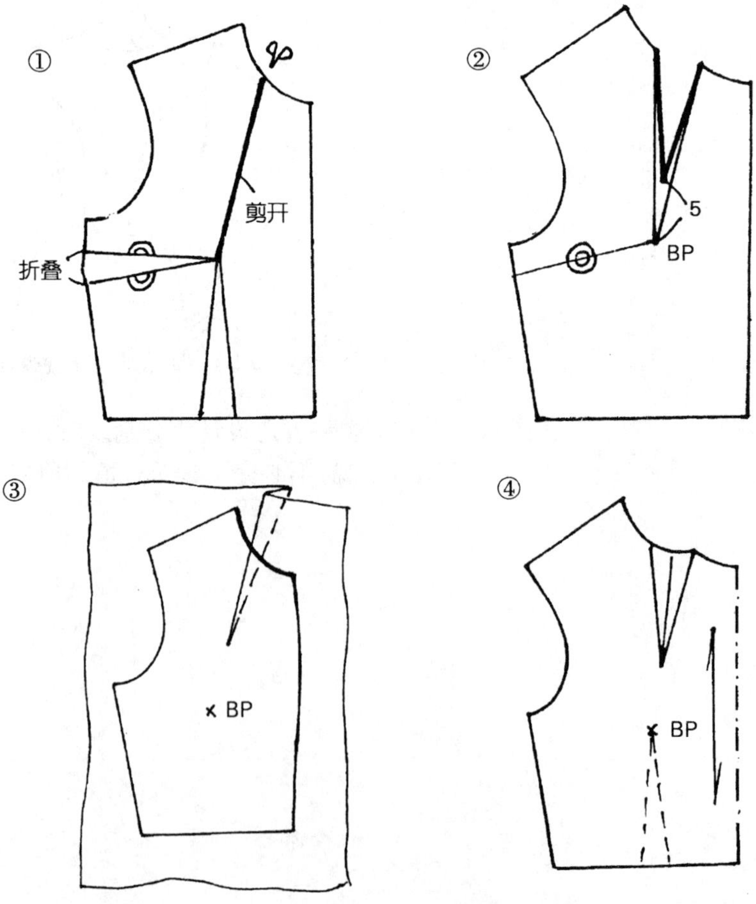

图 3－5－1　领口省的制作

步骤：① 将领口省的设计线剪开；

② 折叠腋下胸省，剪开线张开成为领口省，省尖距 BP 点 5 cm；

③ 将领口省折叠，用点线器画出领口弧线或直接用剪刀按领口弧线剪出；

④ 将折叠的省道展开，腰省直接作为腰部的宽松量。

2. 侧缝省(图 3－5－2)

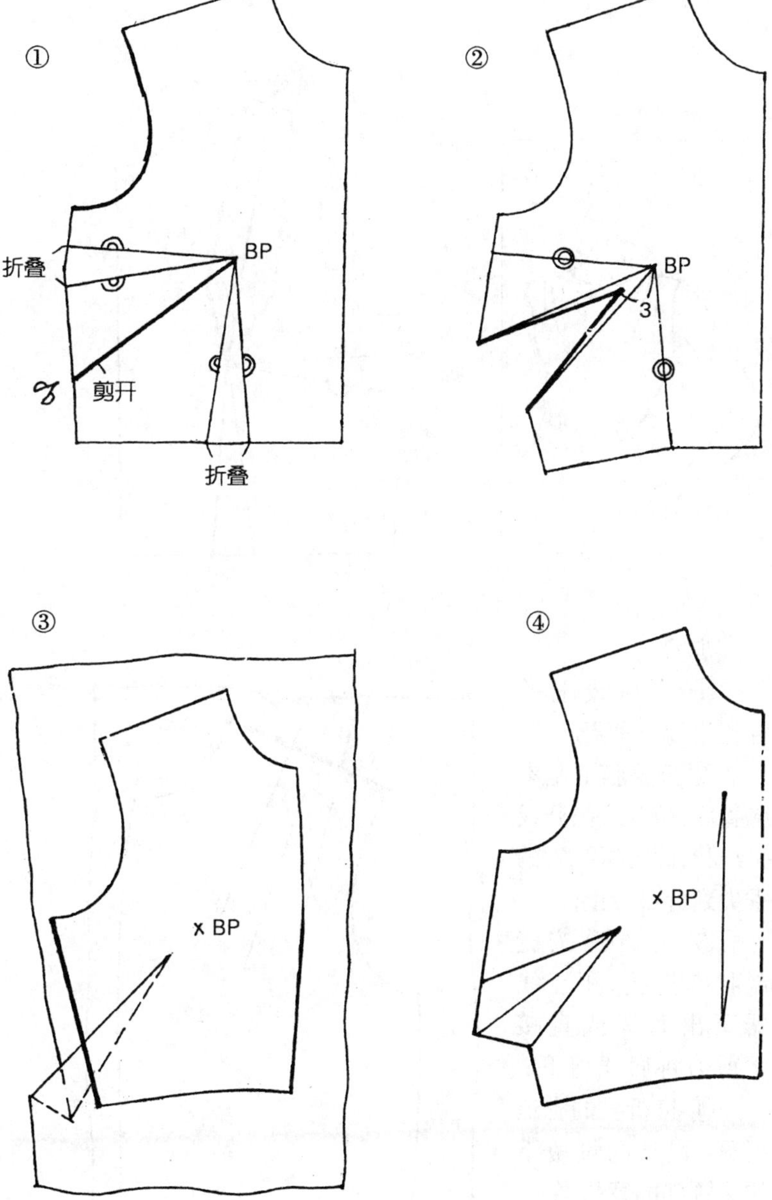

步骤：

① 将侧缝线上的省道设计线剪开；

② 折叠腋下基本胸省和腰省后，剪开线张开成为省道，省尖距 BP 点 3 cm；

③ 将新设计的侧缝省按缝制状态折叠，用点线器画出或直接用剪刀将侧缝线剪下；

④ 将折叠的省道展开，此时腰省的量已转移到侧缝省上，腰部会显得较为合体。

图 3－5－2　侧缝省的制作

二、多个省道设计

1. 肩部省(图 3－5－3)

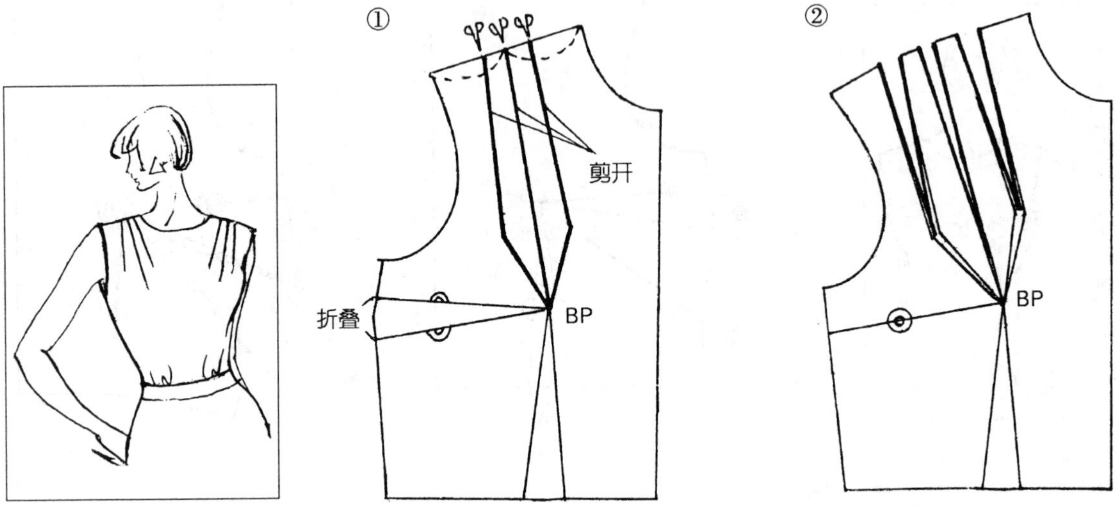

步骤：

① 将肩线上的省道设计线剪开；

② 折叠腋下基本胸省后，剪开线张开成折线状，此时折线省的省尖到折点为止；

③ 将省道按缝制状态折叠，用点线器画出肩线或直接用剪刀将肩线剪下；

④ 将折叠的省道展开，腰省的量留下作为腰部的宽松量。

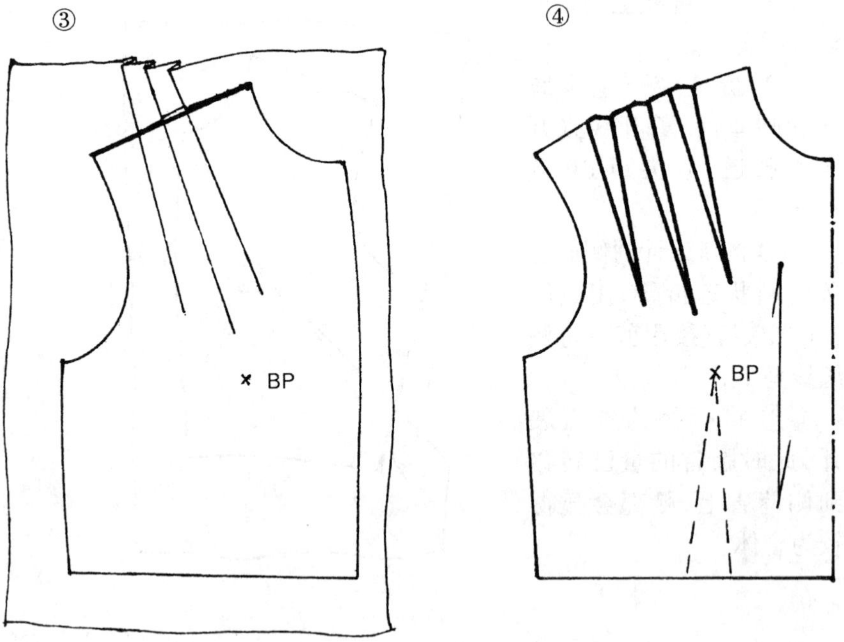

图 3－5－3　肩部省的制作

2. 领口省(图 3－5－4)

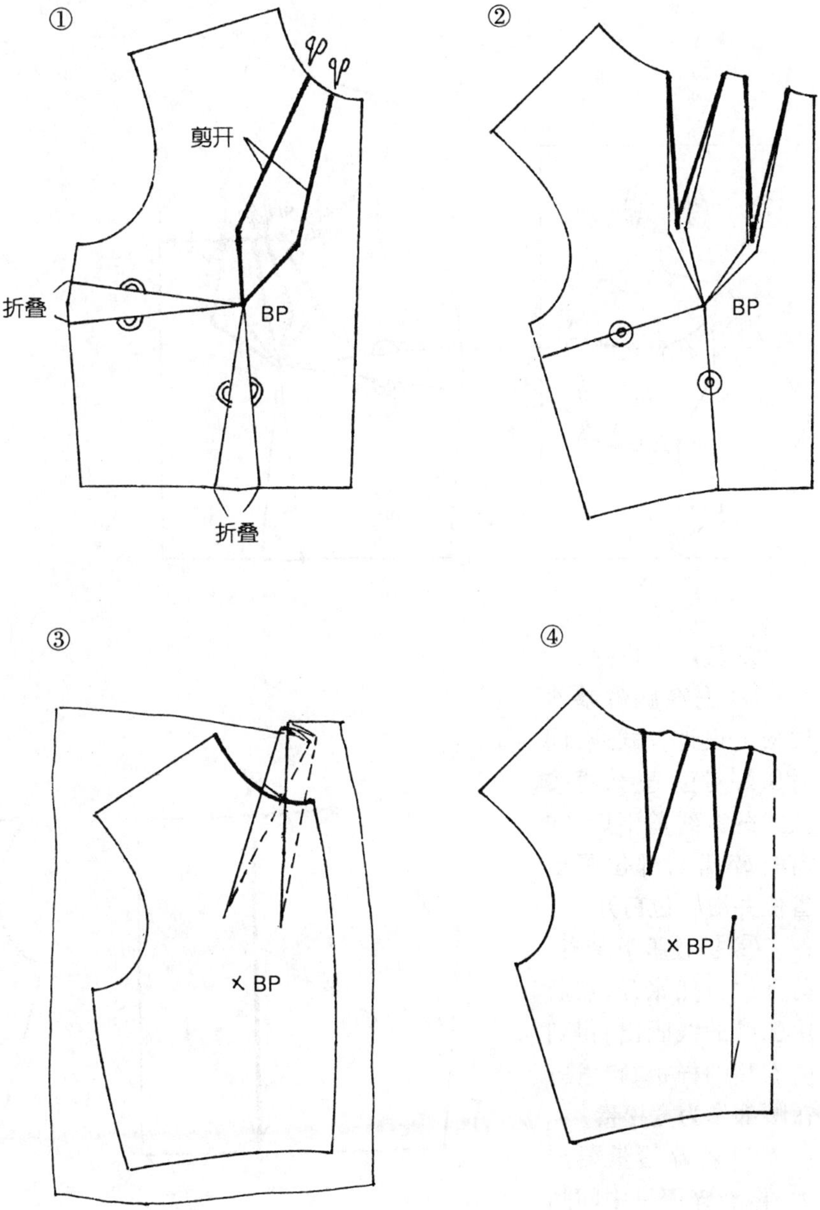

图 3－5－4　领口省的制作

步骤：

① 将领口省道设计线剪开；

② 折叠腋下胸省和腰省后，剪开线自然张开，省尖设在转折点，此时的腰部为合体状；

③ 将省按缝制状态折叠，重新画顺领口弧线，然后用点线器画出或用剪刀将领口弧线剪下；

④ 将折叠的省道展开，领口省的上口为曲线状。

三、碎褶形省道设计

1. 前片弧形育克线下的细褶(图 3－5－5)

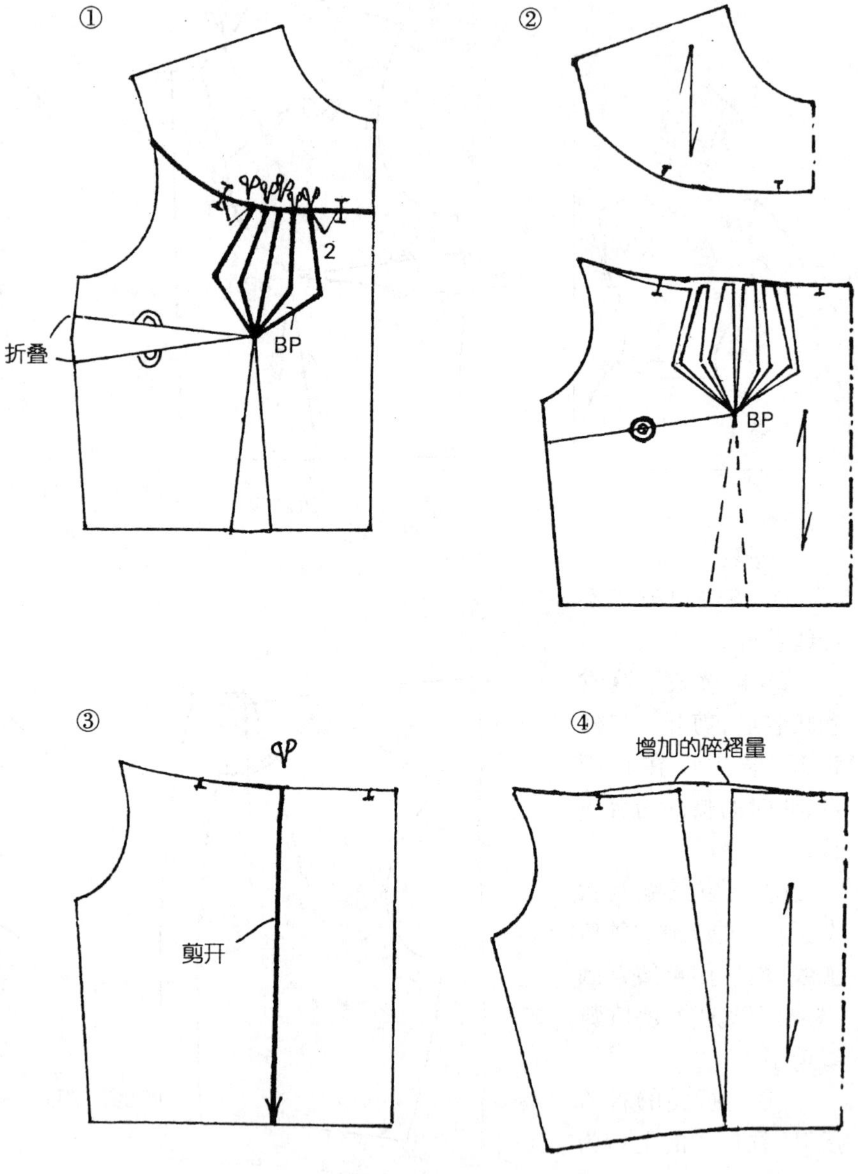

图 3－5－5　弧形育克线下细褶的制作

步骤：

① 先在胸省基本样板上设计款式线，同时做好对位记号，再按款式分割线剪下后，在需打碎褶的部位画出省位并沿省位剪开；

② 折叠腋下胸省，剪开线自然张开，然后用弧顺的线画出，得到前衣片的样板，腰省留在腰部作为宽松量；

③ 若碎褶量要加大，再沿碎褶量中间画出剪开线至腰部；

④ 在剪开部位加入碎褶量，其大小根据碎褶的多少而定。

2. 前肩育克线下的细褶(图 3－5－6)

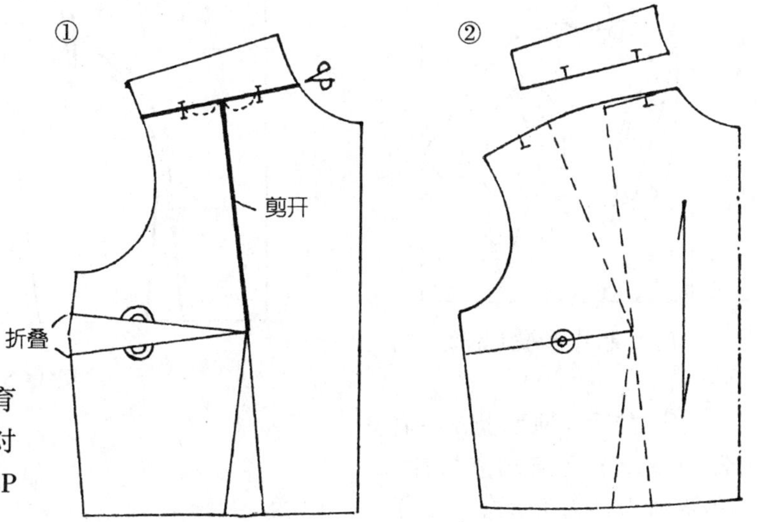

图 3－5－6　前肩育克线下细褶的制作

步骤:

① 在胸省基本样板上画出育克分割线,同时作出抽褶部位的对位记号,将抽褶部位的中点与 BP 点连接作为剪开线;

② 先将育克分割线剪开,形成上、下两衣片;在下部的衣片上折叠腋下胸省,抽褶部位的剪开线自然张开,这张开的量即为抽褶量;腰部的省作为其宽松量处理。

四、公主线分割设计

1. 袖窿公主线(接近 BP 点)分割

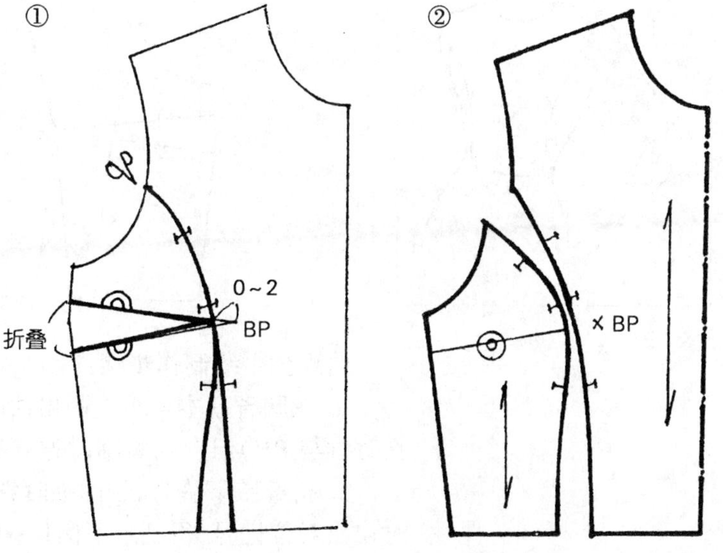

图 3－5－7　袖窿公主线的制作(前片)

前片制作步骤(见图 3－5－7):

① 在胸省基本样板上画出袖窿公主线,该分割线过 BP 点或离 BP 点 1～2 cm,同时作好对位记号;

② 将公主线分割线剪开,同时折叠腋下胸省,在袖窿处的分割线自然张开,形成左右两片。

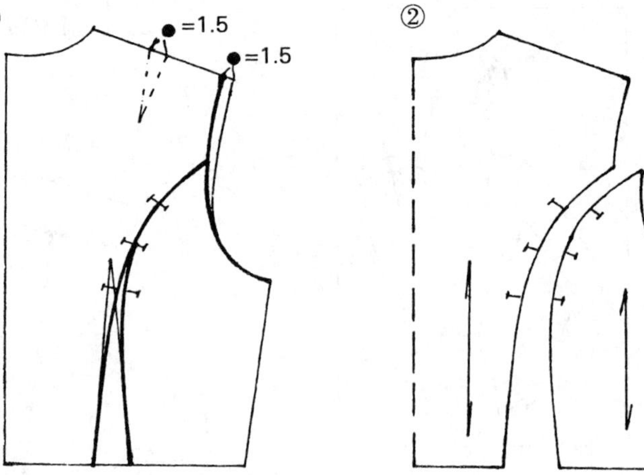

图 3-5-8　袖窿公主线的制作(后片)

后片制作步骤(见图 3-5-8)：

① 在后片原型上先将肩省的量 1.5 在肩端点去掉，重新画出袖窿弧线，然后通过腰省画出公主线分割线，同时作出对位记号；

② 将分割线剪开，形成左右两片的公主线衣片。

2. 袖窿公主线(远离 BP 点)分割(图 3-5-9)

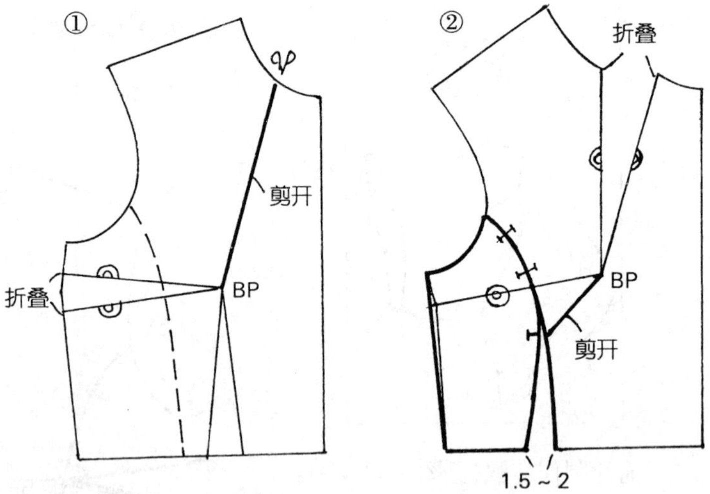

袖窿公主线制作步骤：

① 在胸省基本样板上画出袖窿公主线(虚线部分)，在领圈处设立临时省与 BP 点连接，将临时省分割线剪开；

② 折叠腋下胸省，领圈临时省自然张开，重新画出袖窿分割线，同时作出对位记号，得到腋下侧片；再在前中片上确定胸省位置与 BP 点连接，将胸省线剪开；

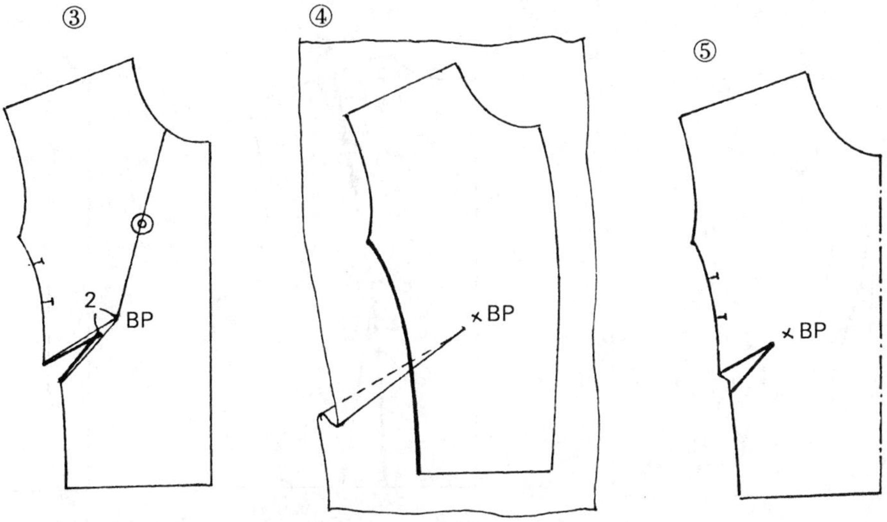

图 3-5-9　远离 BP 点的袖窿公主线的制作

③ 折叠领圈临时省，画出胸省距 BP 点 2 cm；

④ 将胸省按缝制状态折叠，画顺公主线，用点线器描出或剪下公主线；

⑤ 将折叠的胸省展开，得前中片胸省的折线。

3. 肩公主线分割

前片制作步骤(见图 3-5-10)：

① 在胸省基本样板上画出公主线分割位置，要求通过 BP 点止腰省，同时作出对位记号，再将分割线剪开；

② 折叠腋下胸省，肩部剪开线自然张开，即得到肩公主线分割。

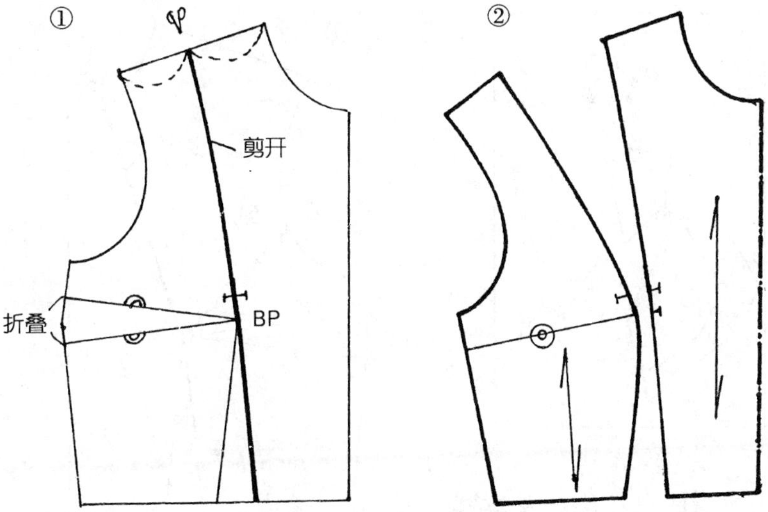

图 3-5-10　肩公主线的制作(前片)

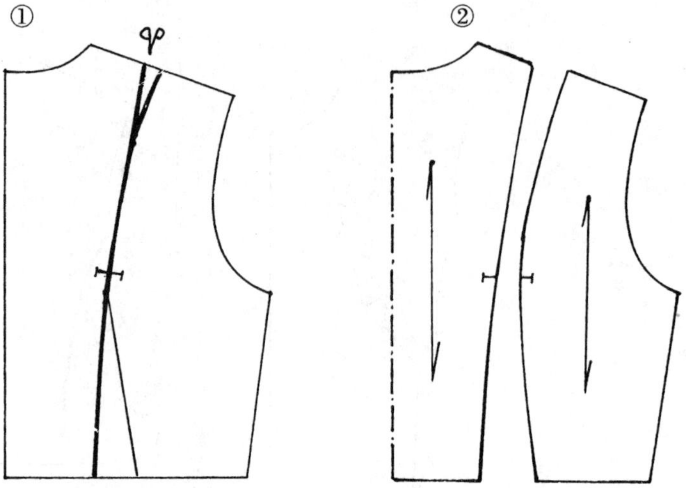

图 3－5－11　肩公主线的制作(后片)

后片制作步骤(见图 3－5－11):

① 在后片原型样板上,肩部通过肩省、腰部通过腰省,画出肩分割线,同时作出对位记号;

② 将分割线剪开后即得到后片肩公主线分割。

五、(图 3－5－12)通过省尖的分割线设计

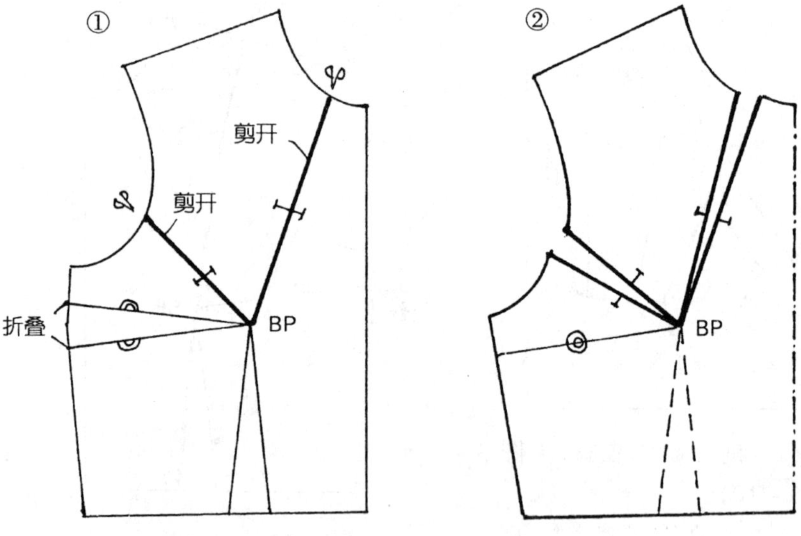

图 3－5－12　通过省尖的分割线制作

步骤:

① 先在胸省基本样板上设计款式线,同时做好对位记号,再按款式线剪下;

② 折叠腋下胸省,腰省作为腰部的宽松量不折叠,款式线在袖窿、领圈处自然张开即可。

六、左右不对称的曲线分割设计(图 3－5－13)

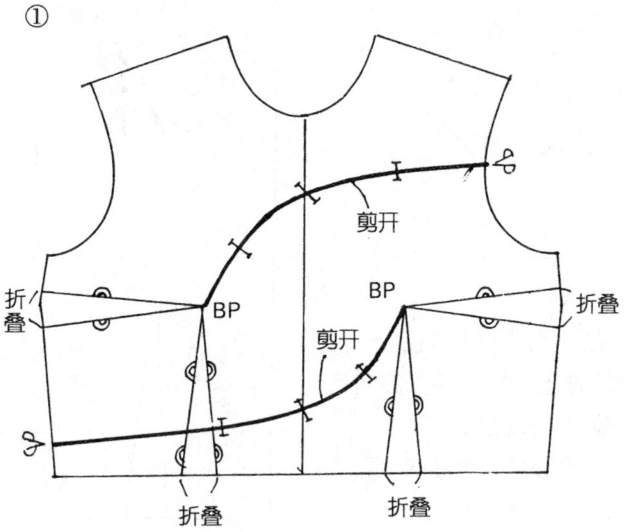

步骤:

① 由于衣片左右不对称,故要将胸省基本样板左右片都画出,通过 BP 点画出曲线分割线,同时作出对位记号,再将曲线分割线剪开;

② 折叠腋下胸省、腰省后,曲线分割线自然张开,此时腰部为合体状,省尖距 BP 点 2 cm。

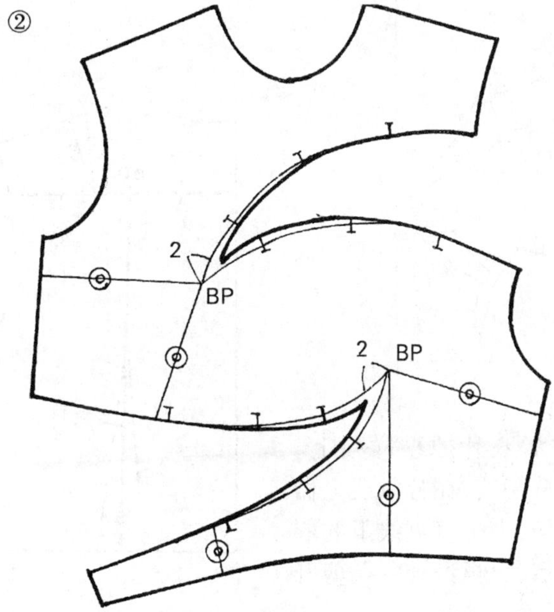

图 3－5－13　左右不对称的曲线分割线的制作

七、后片省道设计

1. 后领口省(图 3-5-14)

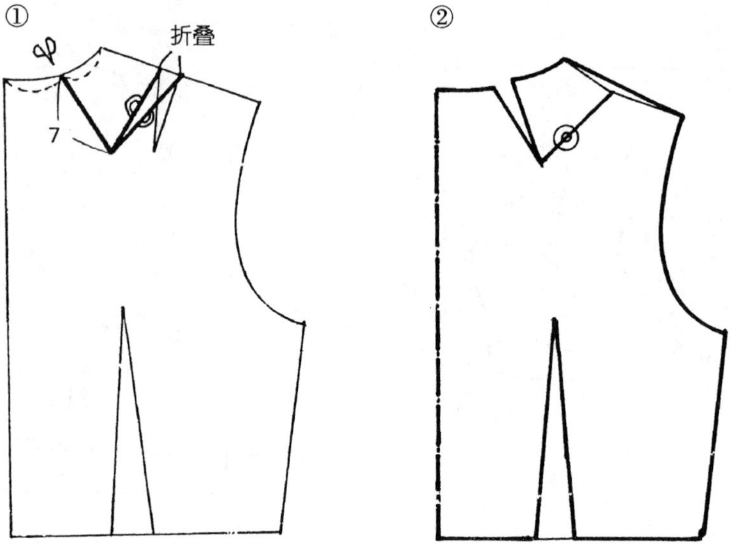

图 3-5-14　后领口省的制作

步骤：

① 在后片原型样板上，设计后领口省道，将后肩省尖向后移与后领口省尖相交；

② 剪开后领口省线，肩省折叠后，后领口剪开线张开变成后领口省，最后将线画直即可。

2. 后片肩育克线下的碎褶(图 3-5-15)

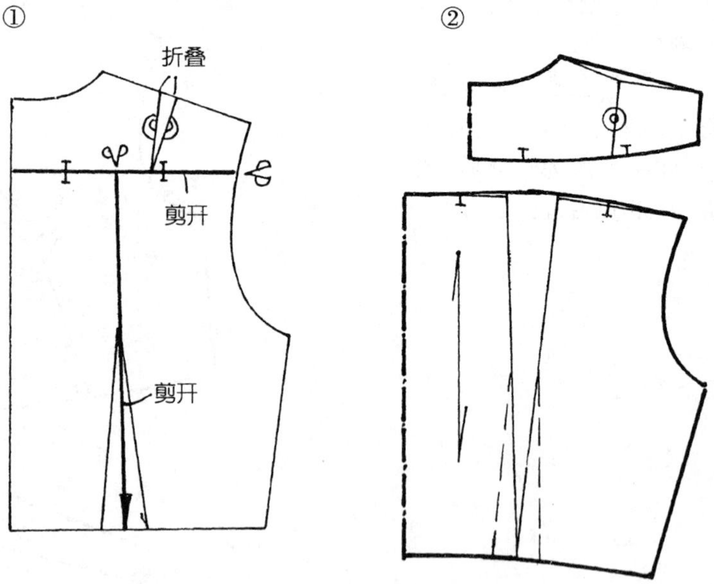

图 3-5-15　后片肩育克线下碎褶的制作

步骤：

① 在后衣片原型样板上，画出育克分割线，在分割线上做好对位记号，由于育克线下的衣片要抽碎褶，故再设计一条剪开线，将这两线条剪开；

② 上片育克部分闭合省道，重新画直肩线即可；下片抽碎褶的量通过剪开线张开，张开的碎褶量根据款式决定，最后画顺分割线及腰线即可。

3. 后片肩育克(图 3－5－16)

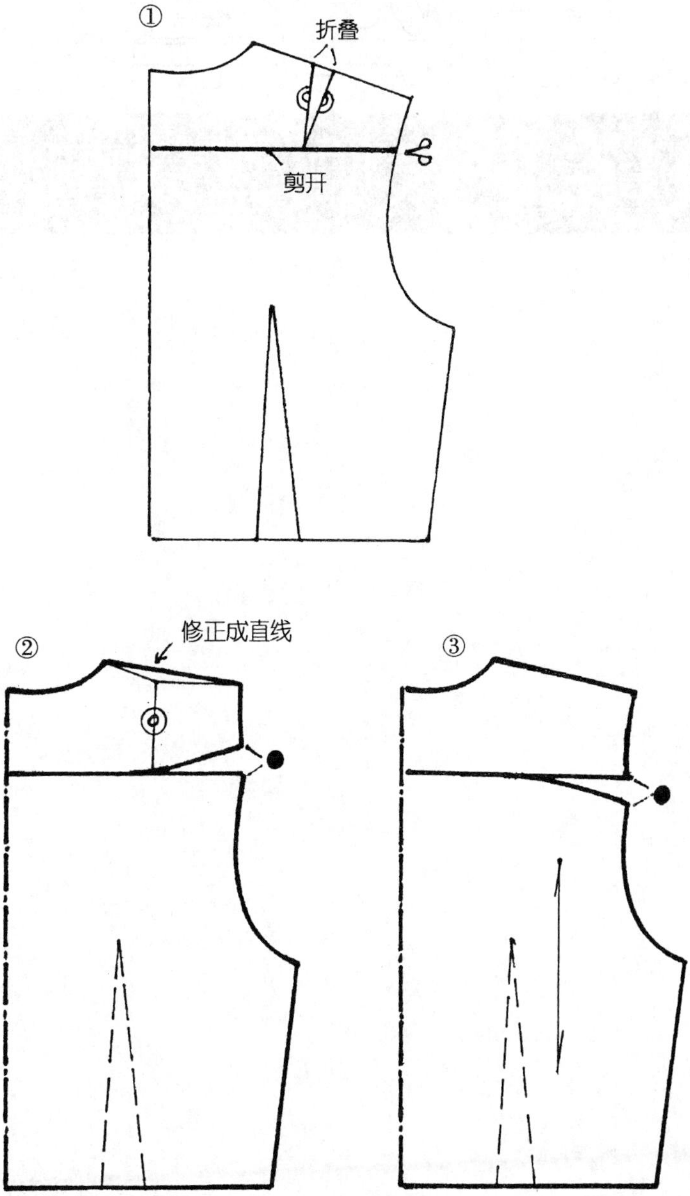

图 3－5－16　后片肩育克线的制作

步骤：

① 在后片原型样板上，通过肩省的尖点画出育克分割线，在袖窿处将育克分割线剪开；

② 将肩省闭合，分割线在袖窿处自然张开，注意肩线要修正成直线，此时育克部分的分割线为弧线；

③ 将育克部分的分割线画直，育克下部的衣片部分分割线成弧线状，其张开的省量不变；腰部的省量作为宽松量处理。

第四章

女上衣原型裁剪应用实例

第一节 无袖上衣

无袖上衣，一般可指背心（马夹）、坎肩、吊带上衣，它是女士较为喜爱的服装之一。它可与裙子、裤子等下装搭配，也可与衬衫、外套等上装组合，从而大大丰富了女士们的日常着装。随着时装理念的不断改变，内衣外穿、吊带式上衣也很受女士们的青睐。因此，无袖上衣，它不仅融入了女装设计所有的流行性、随意性、多变性，使无袖上衣款式变化多样，而且能充分体现现代女性的个性之美。

首先，从无袖上衣的设计与构成上看，胸围放松量对服装的效果有较大的影响，款式特点决定了其放松量的多少。其次，从长度上来看，有长短之分，在结构处理上，一般都较为贴身，所以需对前后衣片进行省道的处理，有时可将省道融入衣片的分割线中。再次，在设计上，领子的变化也较为丰富，以 V 字形和 U 字形的无领造型最为常见，底摆的设计变化也是无袖上衣最具特色的部位。

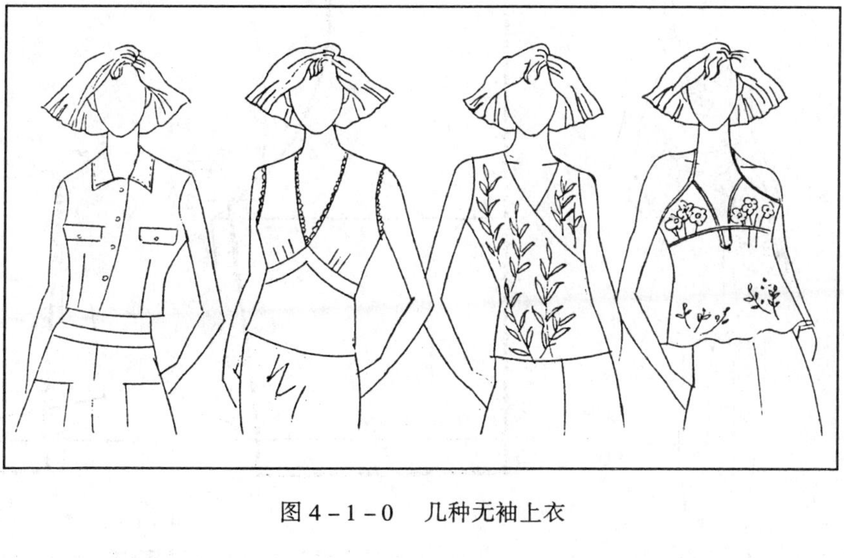

图 4－1－0　几种无袖上衣

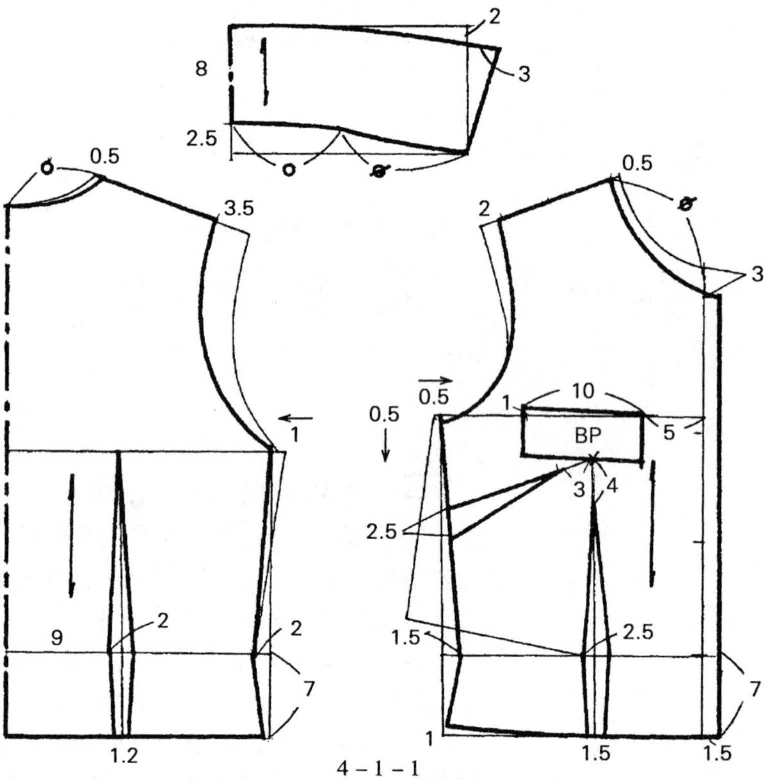

4－1－1

此款为无袖短上衣，前胸左右两只胸袋装饰，在构成上腋下省和胸腰省同时使用，更能体现人体之美。适合于年轻、时尚女性穿着。

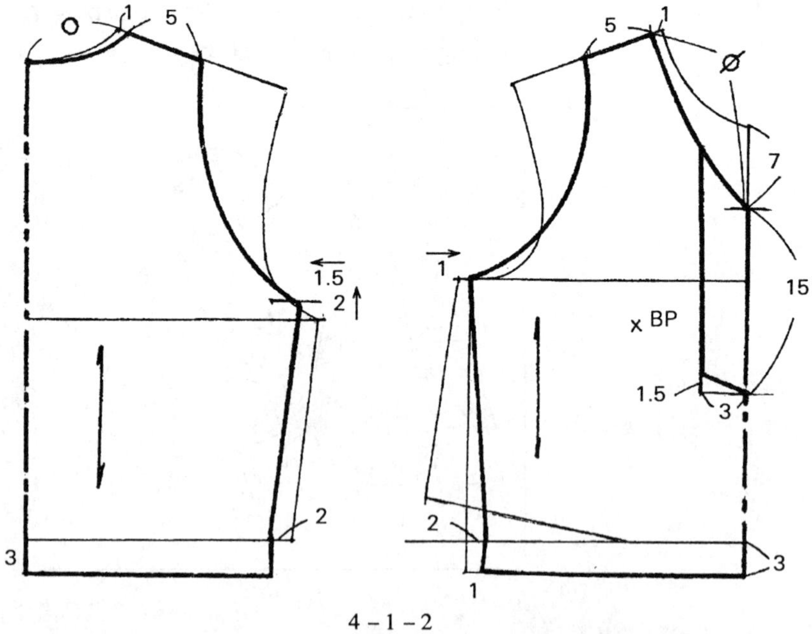

4－1－2

此款为合体型、套头短上衣，面料可选择针织和具有弹性面料，衣长可根据喜爱适当作增减，前门开口用绳即可调整开口大小，又可作为装饰。

* ←1 表示沿箭头方向缩进如箭头下或上所示数字大小，全书同。

此款为最近较为流行的一种充满女性味、温柔明媚的款式，前胸通过一定的分割与抽碎褶体现丰满的胸部，袖笼边与领子的连贯，加上衣服下摆的花边，无不体现少女可爱与柔情似水。

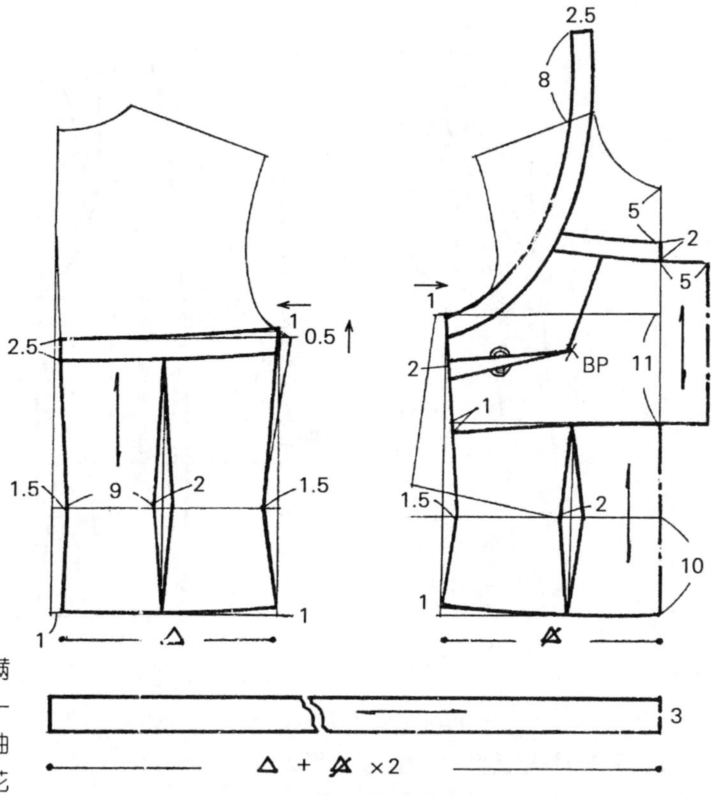

4－1－3

这是一款衣长与腰线相近的无袖短上衣。露胸、露背、露脐，充满热情与活泼，花边可用同色面料缝制，长度是实际长度的 2 倍左右。

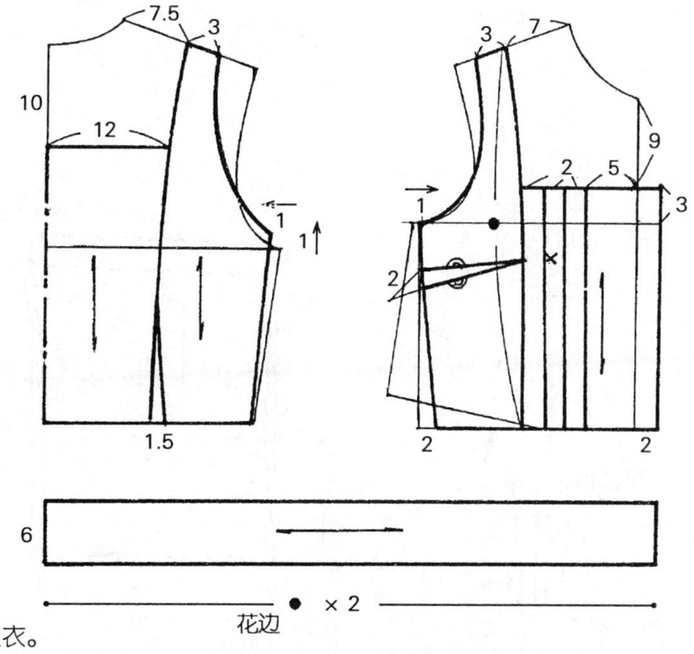

4－1－4

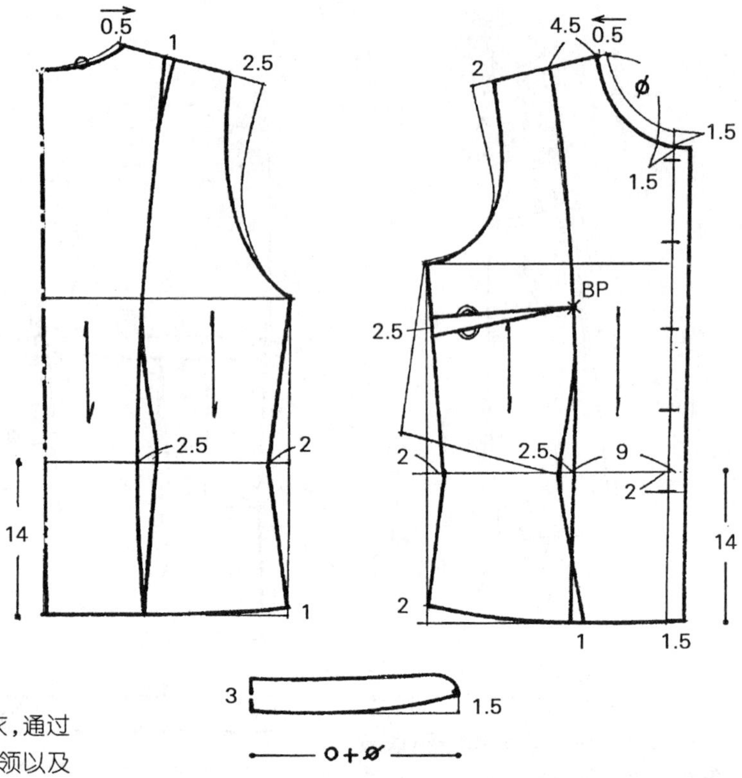

这是一款较为传统的无袖上衣，通过公主线的分割和适当的尺寸、小立领以及别致的面料，会给你带来成熟的个性之美。

4－1－5

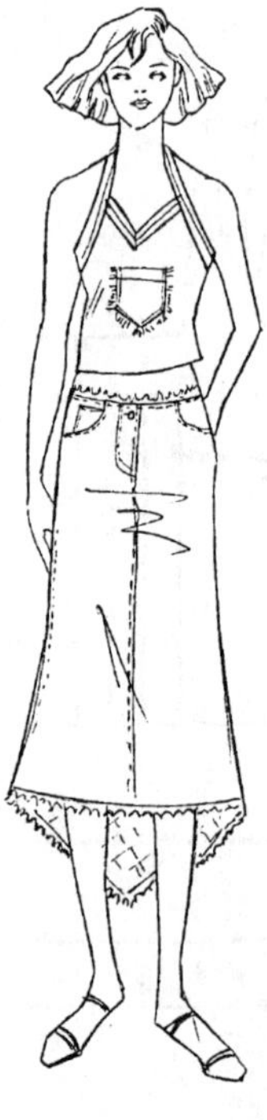

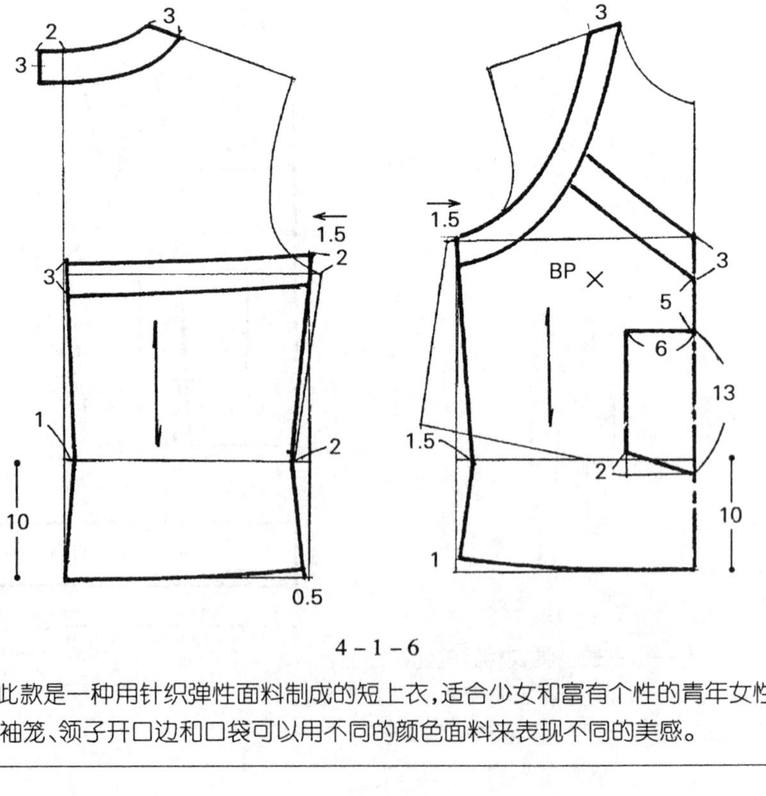

4－1－6

此款是一种用针织弹性面料制成的短上衣，适合少女和富有个性的青年女性穿着。袖笼、领子开口边和口袋可以用不同的颜色面料来表现不同的美感。

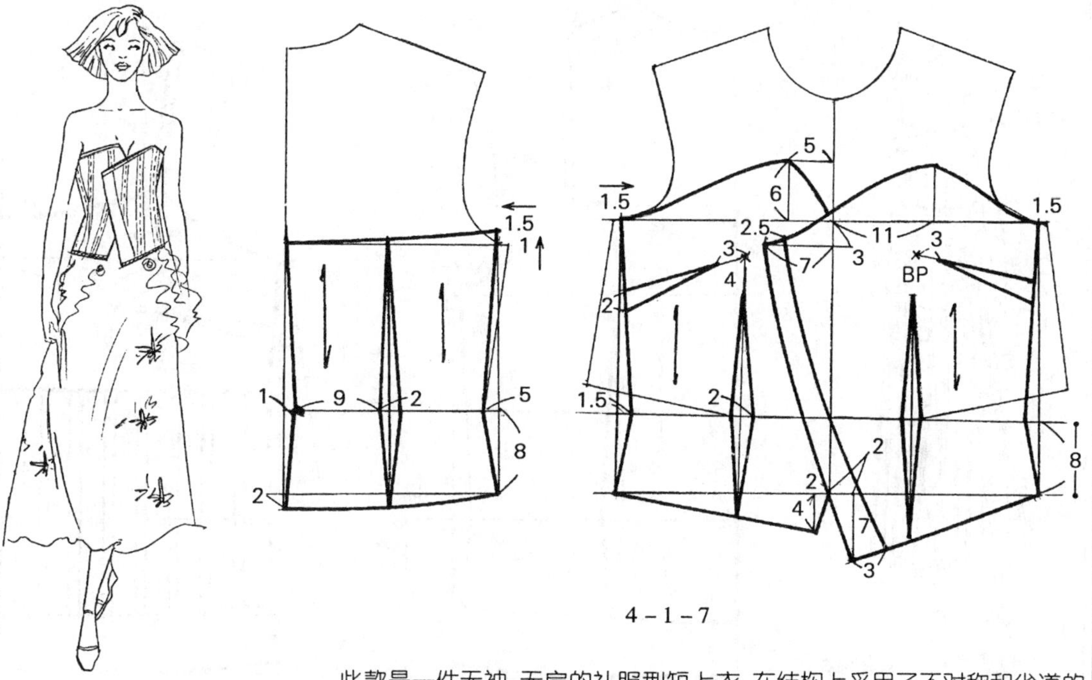

4－1－7

此款是一件无袖、无肩的礼服型短上衣，在结构上采用了不对称和省道的转移，在具体制作上最好能进行试缝、试穿，以保证此款的合体性、美观性。

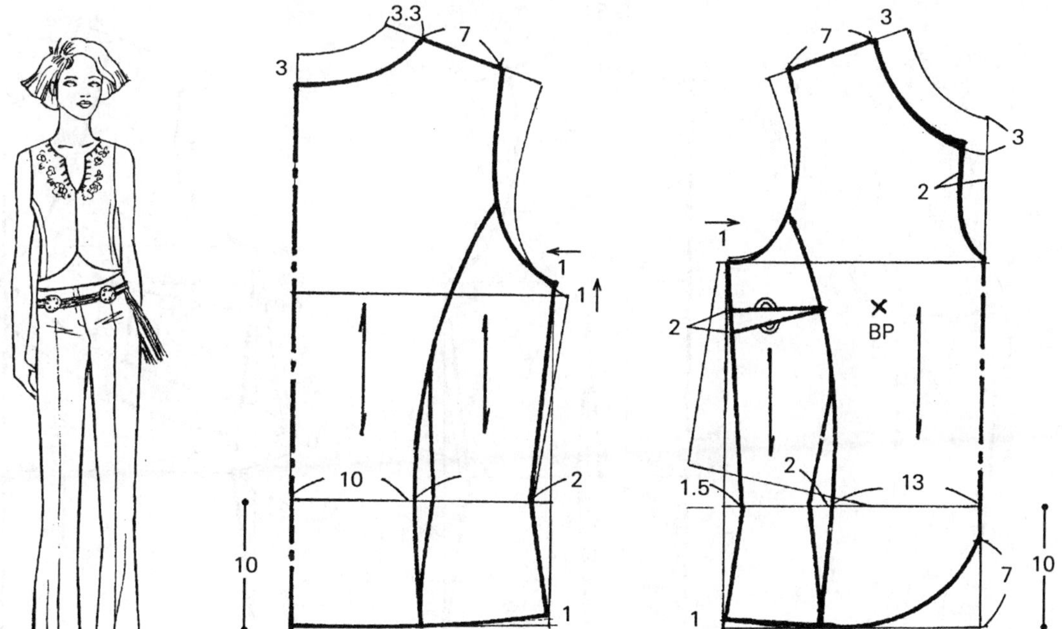

4－1－8

此款为无袖无领，前下摆采用曲线裁剪的短上衣，时尚而性感，领边或前胸可饰以绣花。

此款为吊带式背心，前片胸部以下采用流苏的形式，随意、洒脱。

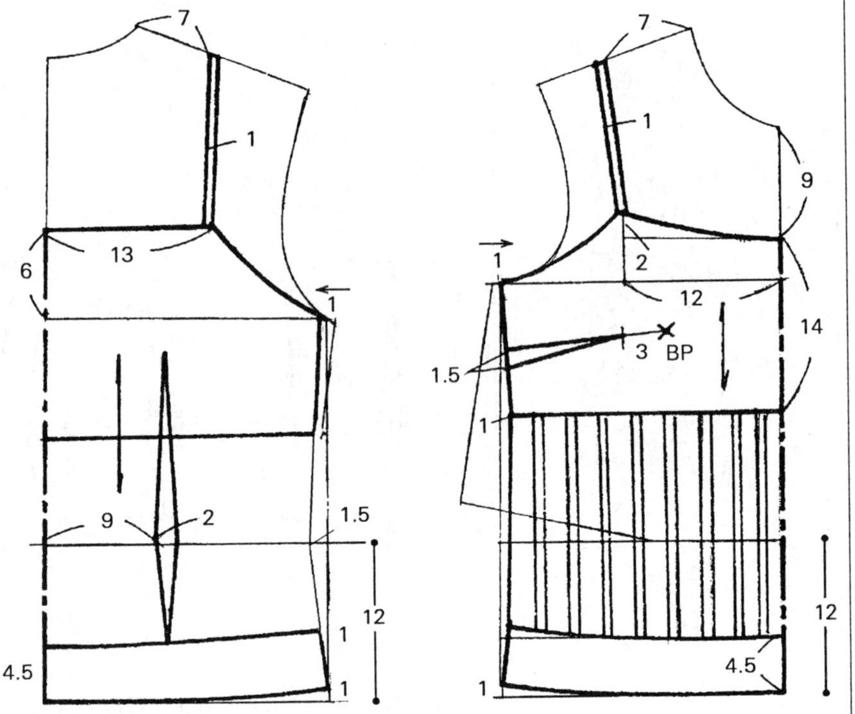

4－1－9

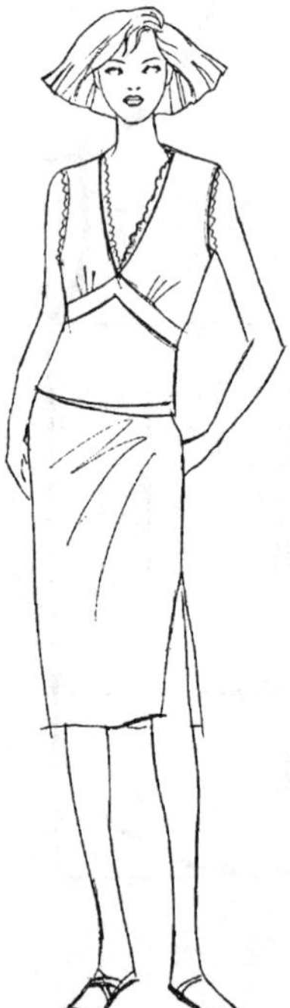

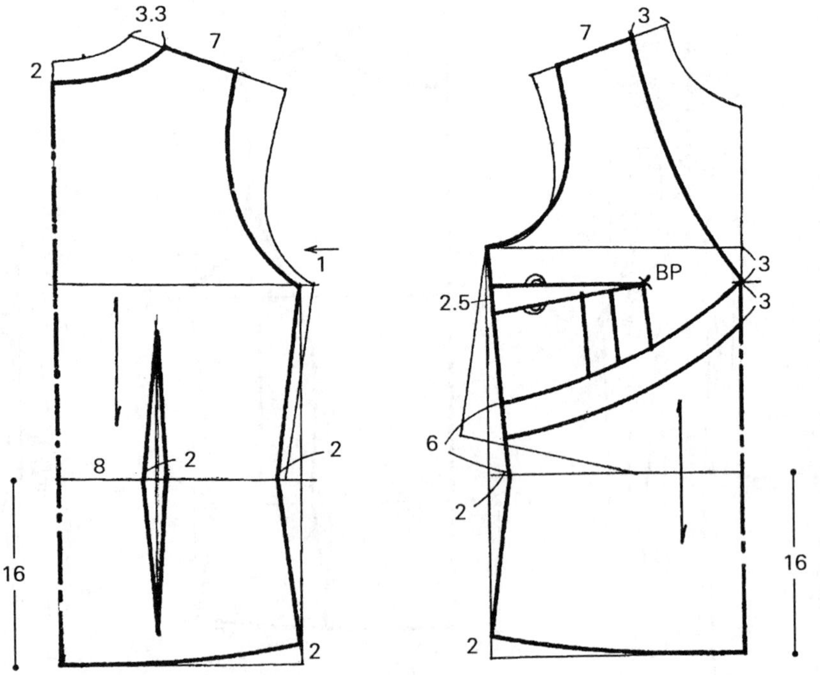

4－1－10

此款胸部以下采用斜线分割，胸部处三个抽裥量可以通过省道转移获得。领圈、袖笼加以花边设计，具有可人、时尚、楚楚动人的美感。

这是一款具有热烈、浪漫、大胆的设计作品。以充分表现现代女性追求个性与休闲为期盼的，吊带式上衣。前胸别致的曲线和滚边，给人以强烈的视觉冲击。

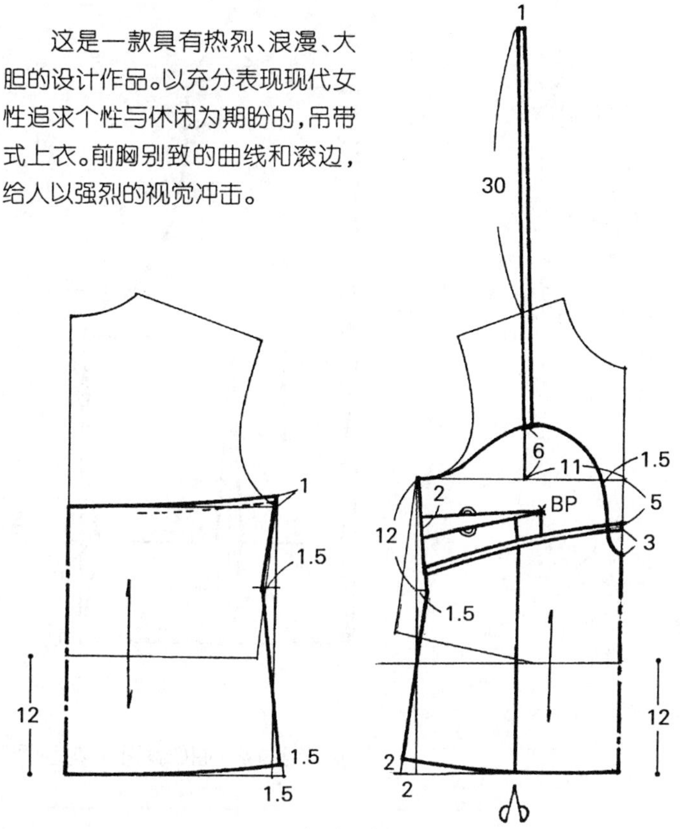

4－1－11

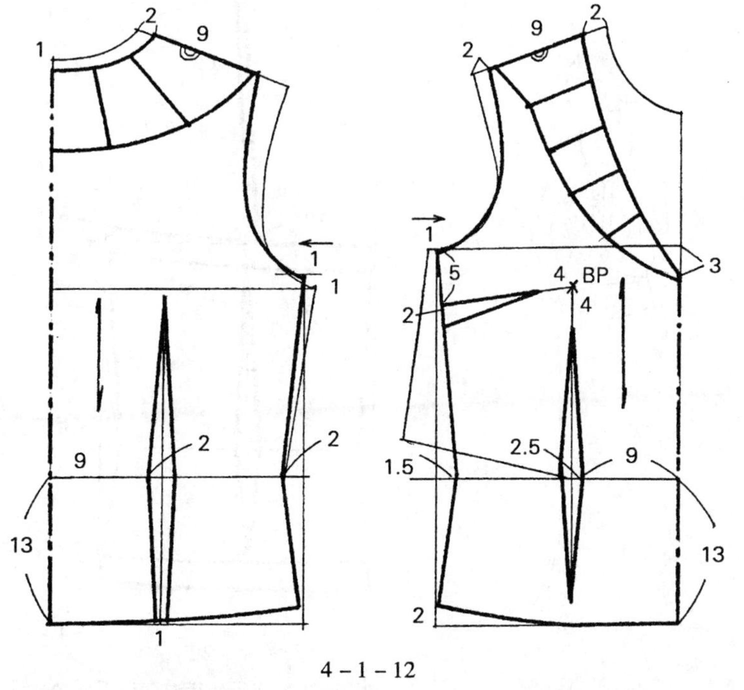

4－1－12

这是一款典雅而迷人的套头式无袖上衣，领子运用荷叶边形式，选用较挺括的面料会产生竖起来的效果。

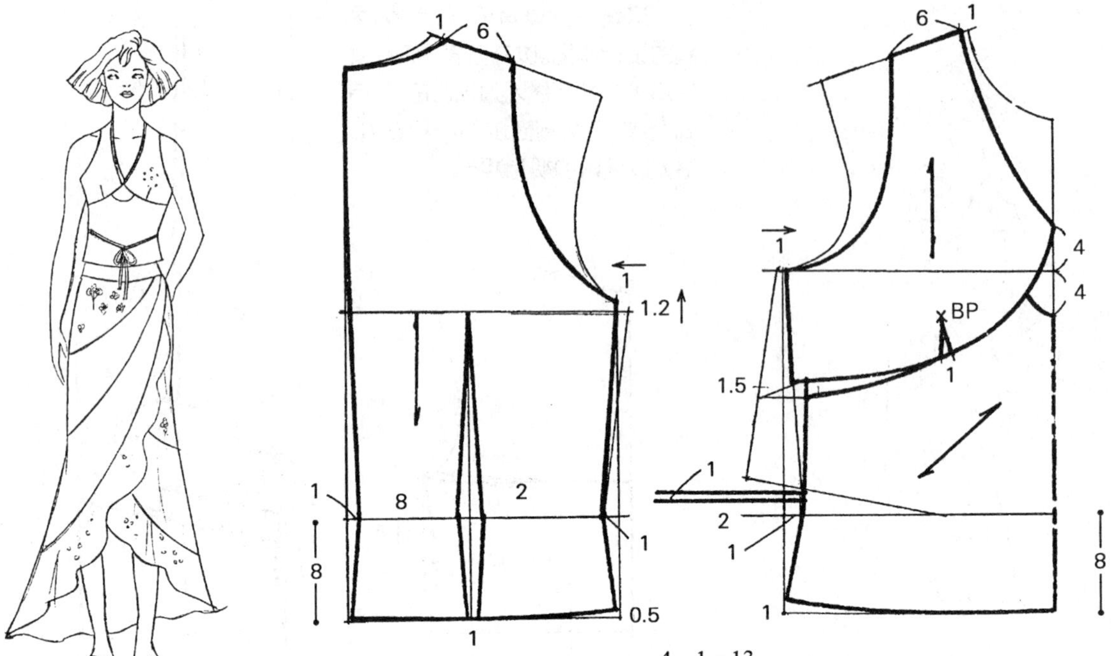

4－1－13

此款运用内衣的曲线和不同花色面料的搭配。具有典型的复古美人的形象。

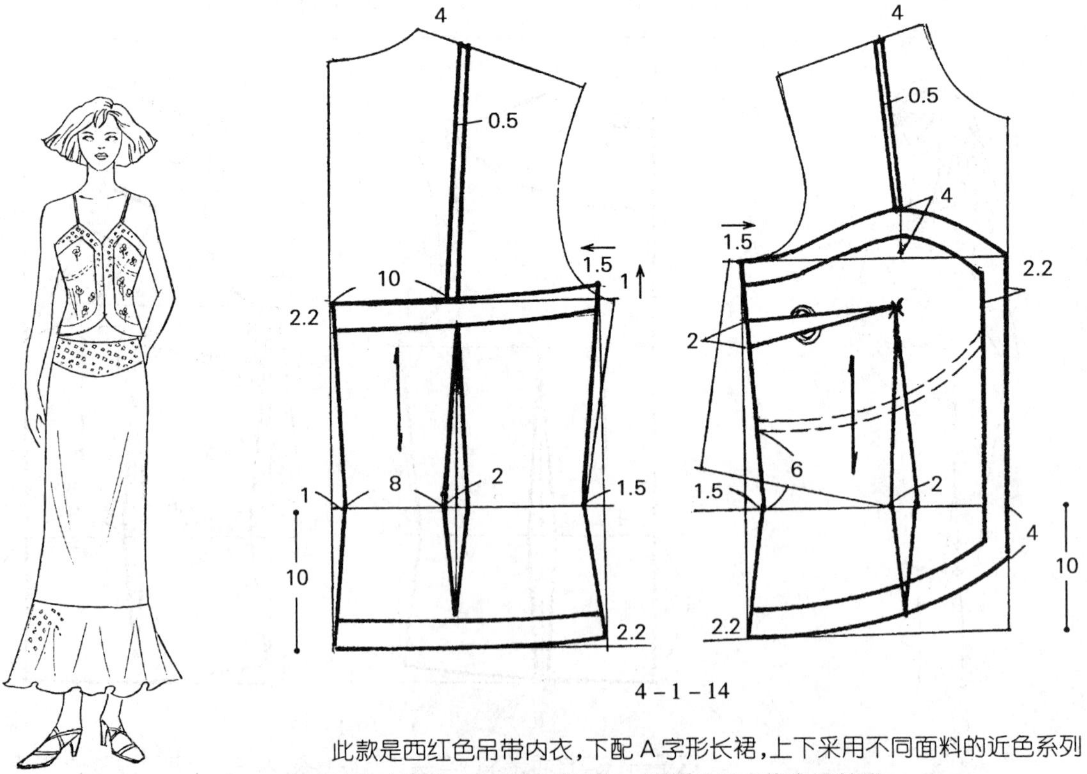

4－1－14

此款是西红色吊带内衣，下配A字形长裙，上下采用不同面料的近色系列组成，“你中有我，我中有你”给人一种返朴归真的亲切美感。

此款是一件相对较为合体的吊带裙，拉链开口可以开在右侧面，或后背中线。

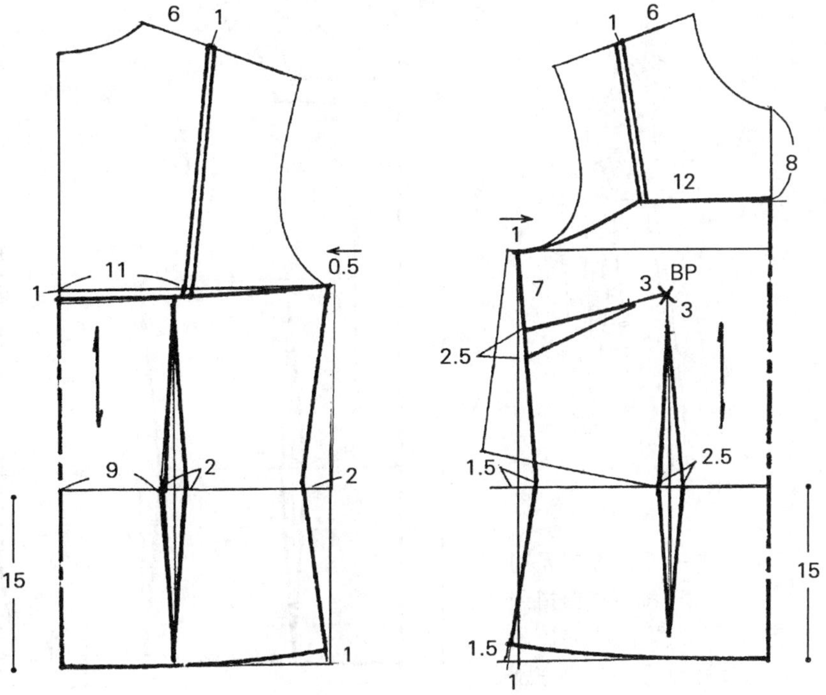

4－1－15

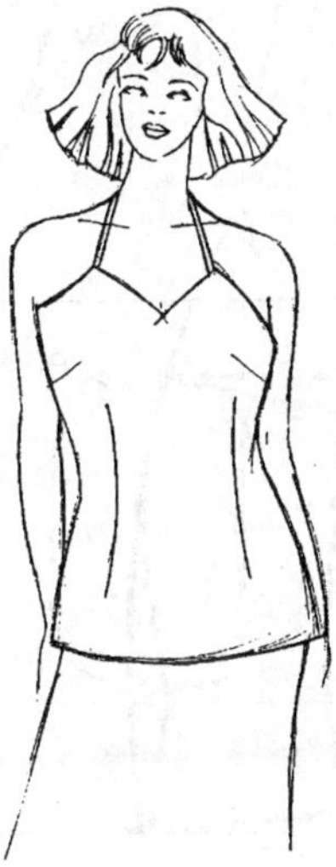

此款是一件礼服型，前胸为曲线形的吊带装，可以通过吊带后领打结调节曲线的高低与松紧，如果采用针织面料，效果更佳。

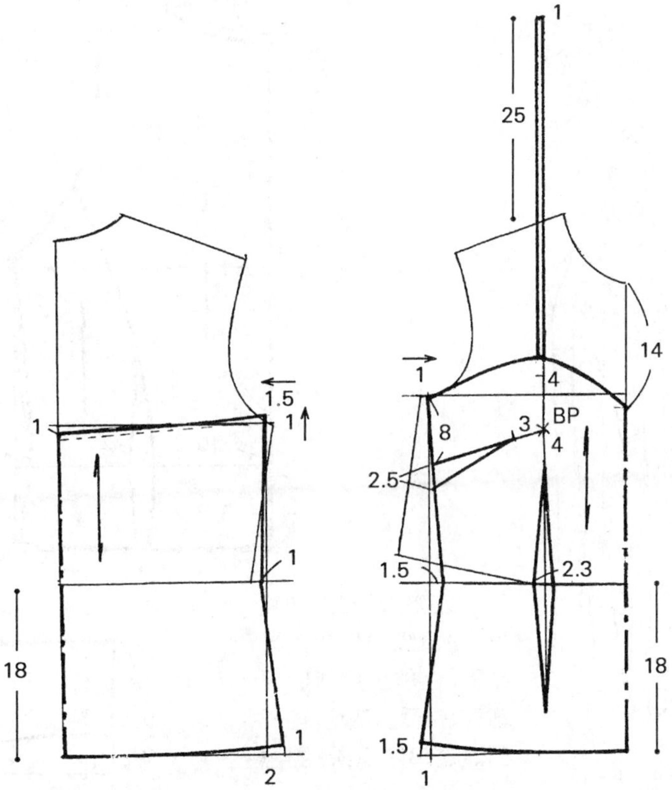

4－1－16

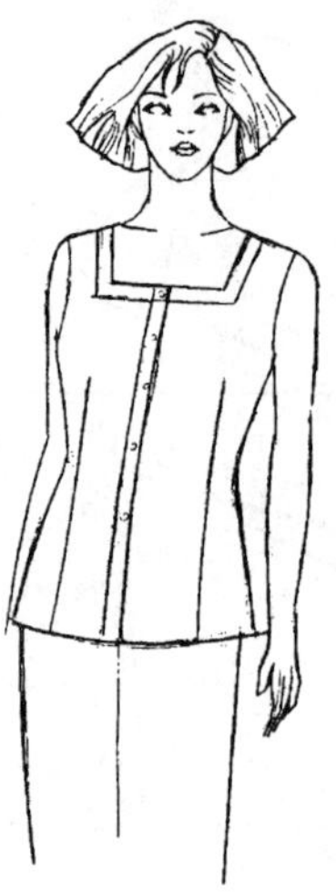

这是一款开襟式无袖上衣。领圈、前开襟镶拼别布，雅致中透晰出女性的温柔。在制作时须注意镶拼别布的宽窄程度和一致性。

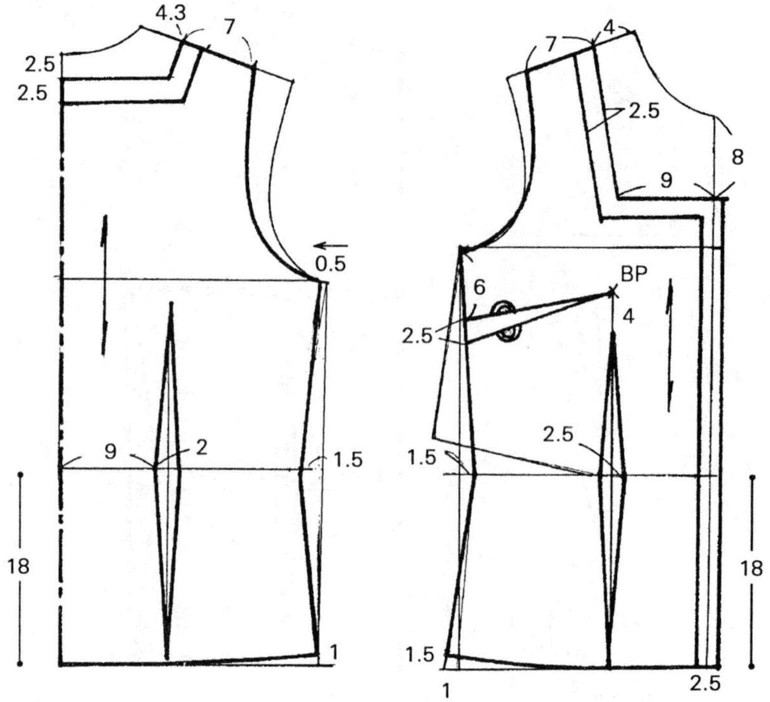

4－1－17

4－1－18

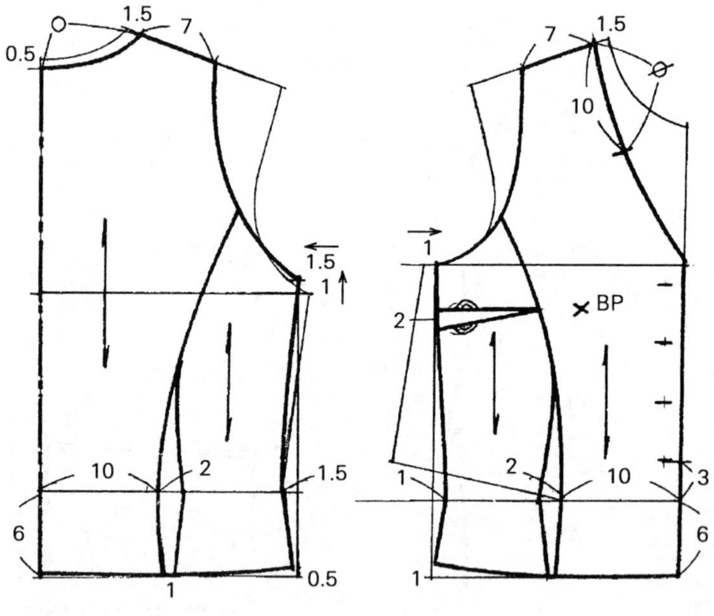

此款前领围为V字形，在领线中再加上衬衫领。上领止点可以根据喜好，适当变动。前开口通过串带点缀，更添几分柔情。

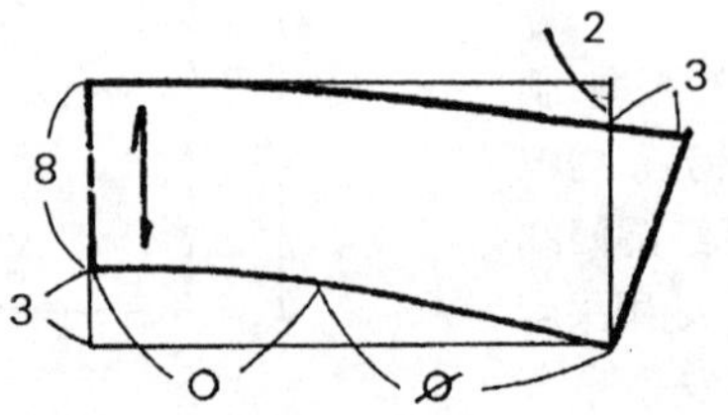

此款是一件双排扣、翻驳领、时尚露肩上衣。白色的领面与小碎花衣身，配以贴袋，活泼可爱。

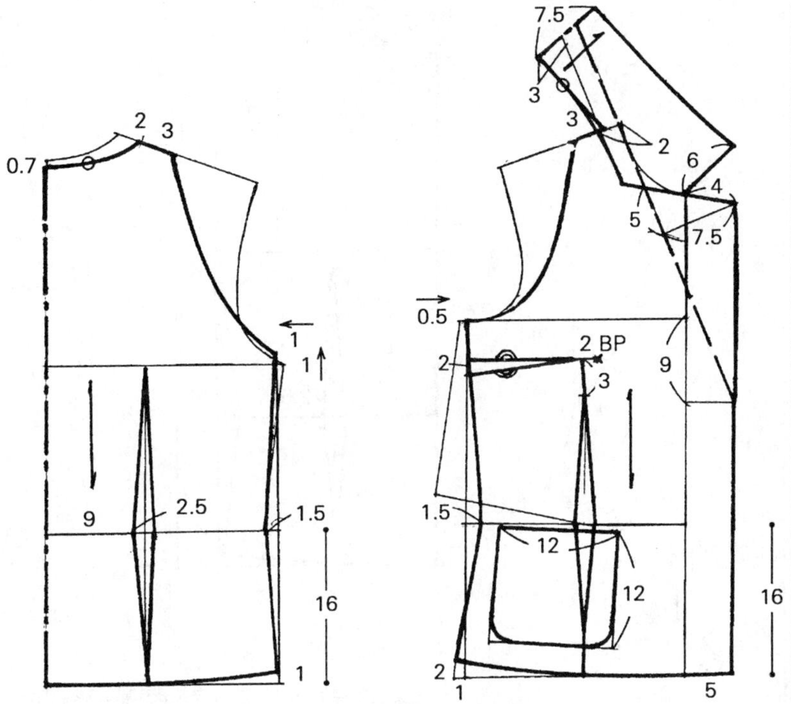

4－1－19

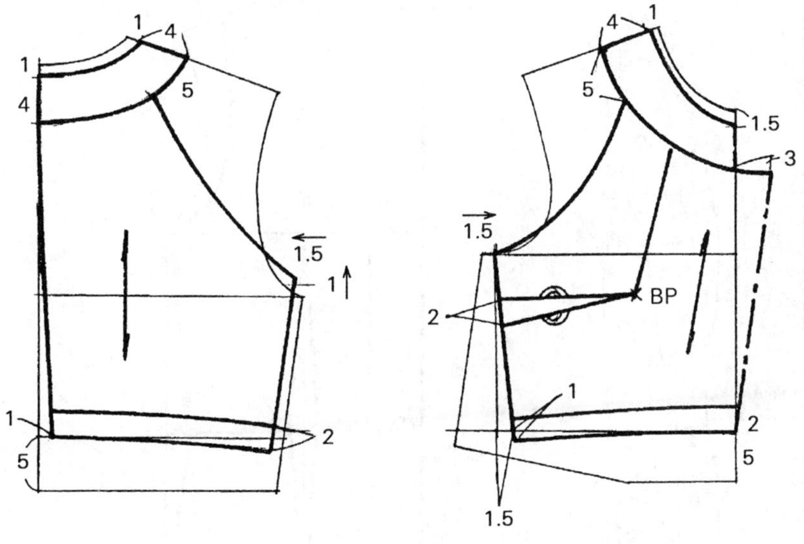

4－1－20

此款是一件充分体现现代女性个性、美丽、性感的露脐装。在构成方面，通过省道的转移和纸样的展开增加前胸领省的抽裥量，衣服下摆的测量要相对精确、适当。

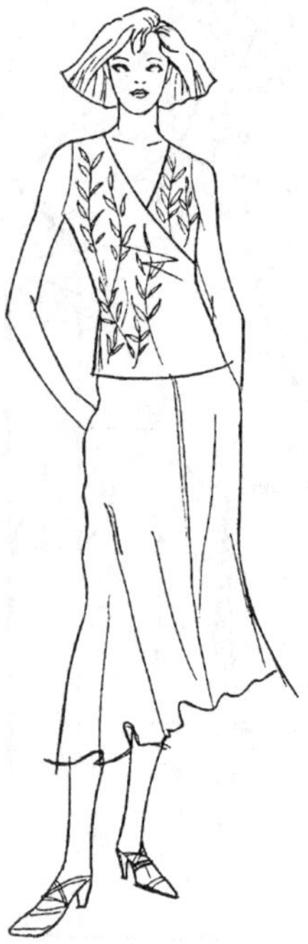

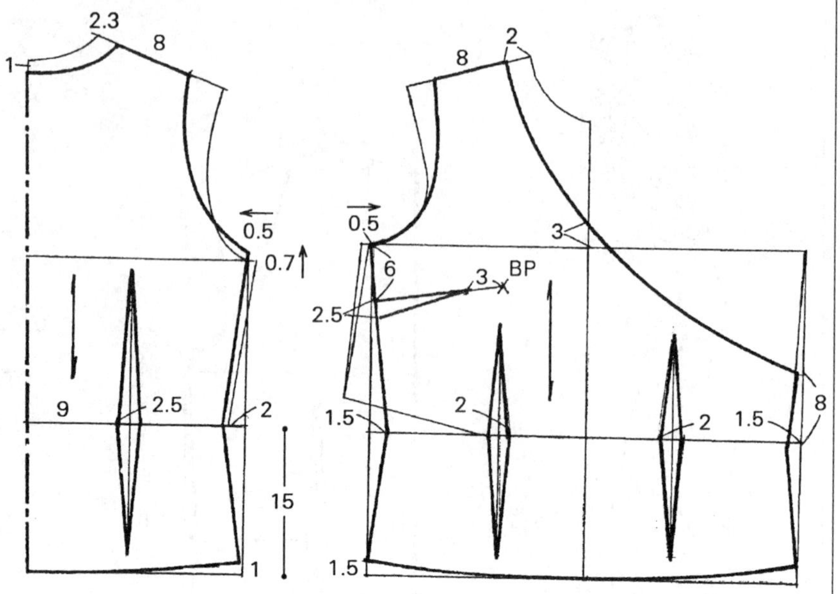

4－1－21

此款是一件 V 字领、偏门襟套头衫。别致的面料加以恰到好处的构成处理，给人以轻松而喜悦的美感。

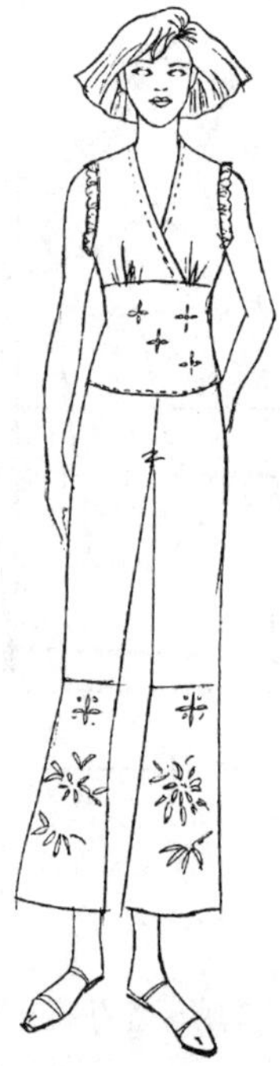

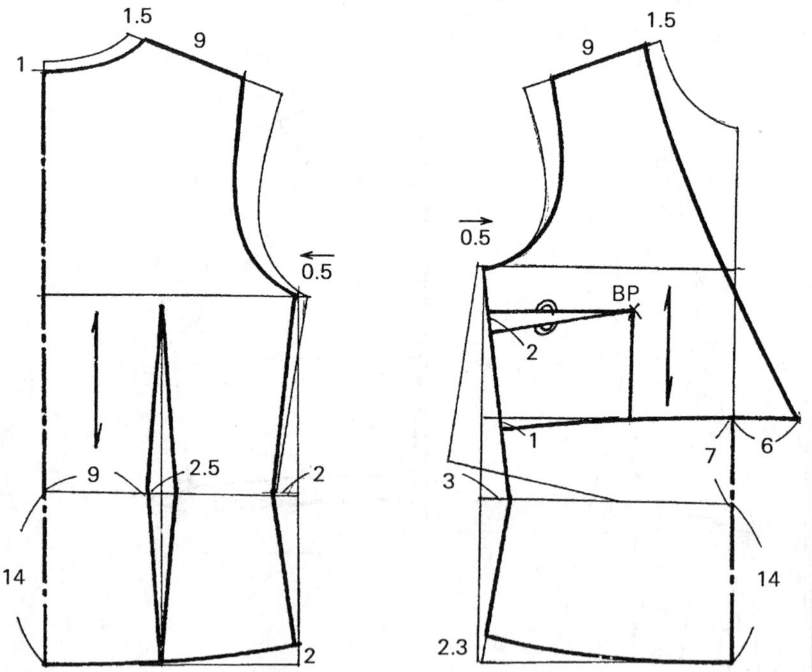

4－1－22

此款是一件近年来较为流行的 V 字领，袖圈加荷叶边、胸部下作分割线的短上衣。前中的偏门襟和抽裥增加了服装的耐看性和趣味性。

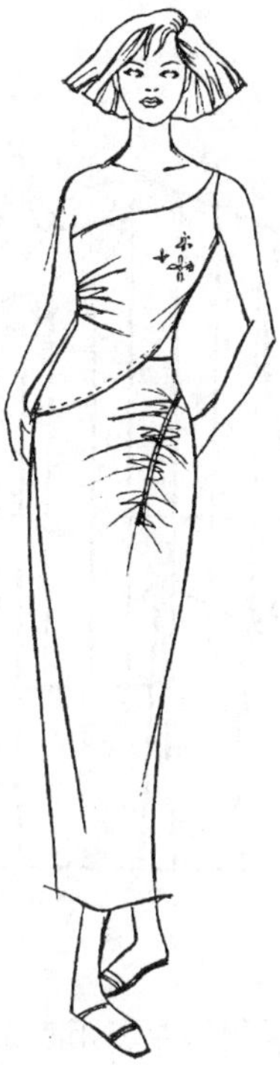

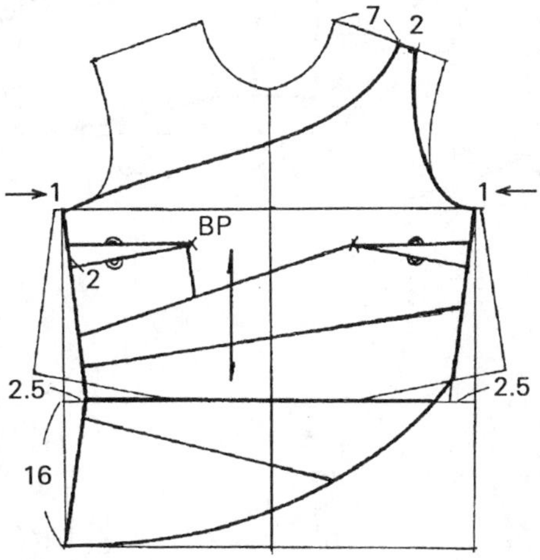

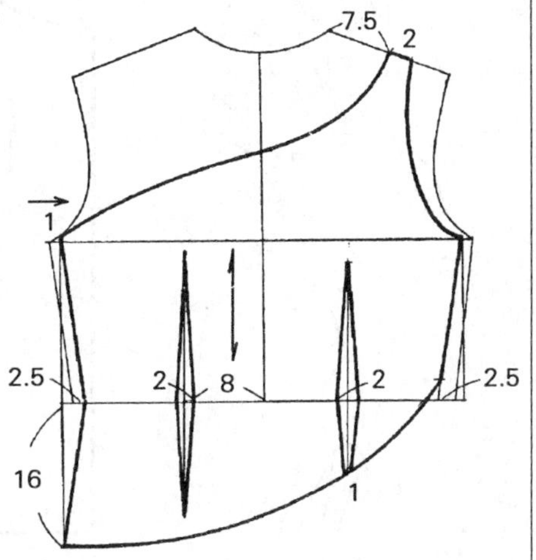

4－1－23

这是一件具有东方文化元素化和西方时尚线条化相结合的上衣。既有肚兜(意念)又有西方礼服倾向，不对称的构成风格，将东方丝绸的魅力体现到了极致。

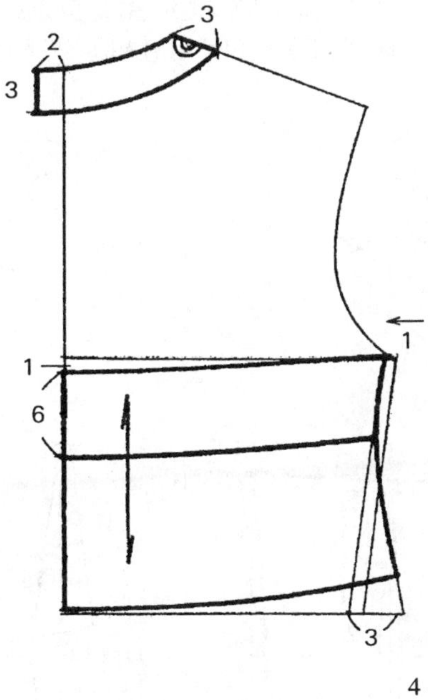

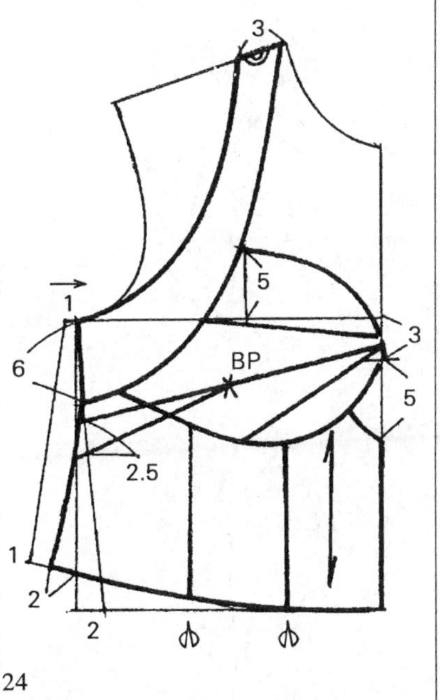

4－1－24

这是一件充满浪漫个性，近似于比基尼风格的较短上衣。采用针织面料效果更佳。

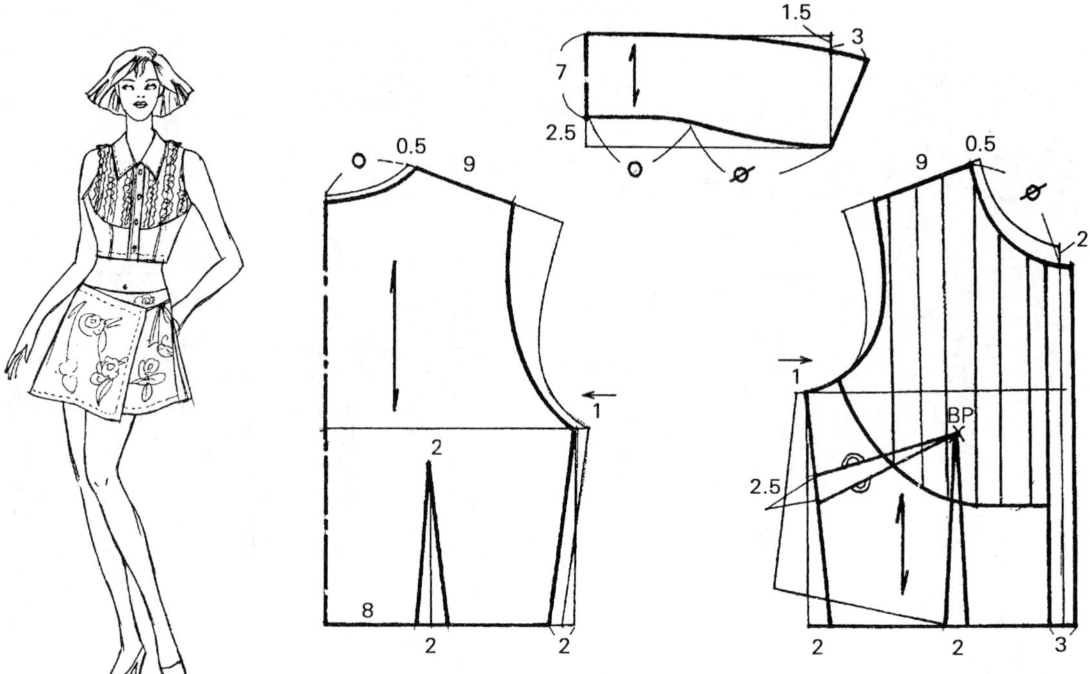

4－1－25

这是一件前中加花边或荷叶边的短上衣。用纯白棉布或薄型牛仔布制成，会产生不同的风格和视觉美效果。

此款特点是省与线的结合。造型细腻圆顺，收身效果自然流畅，吊带的交叉运用给人以不同凡响的美感。

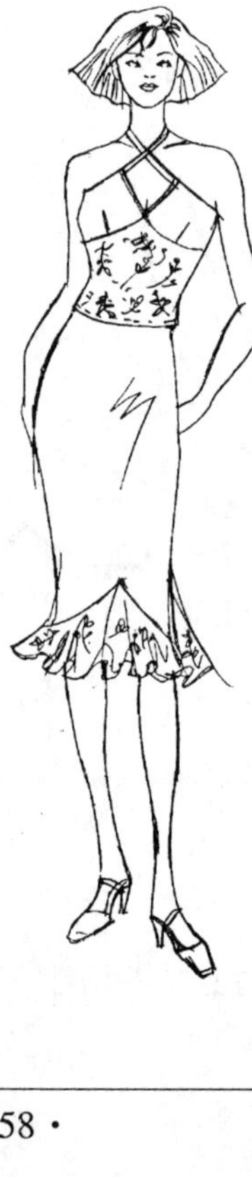

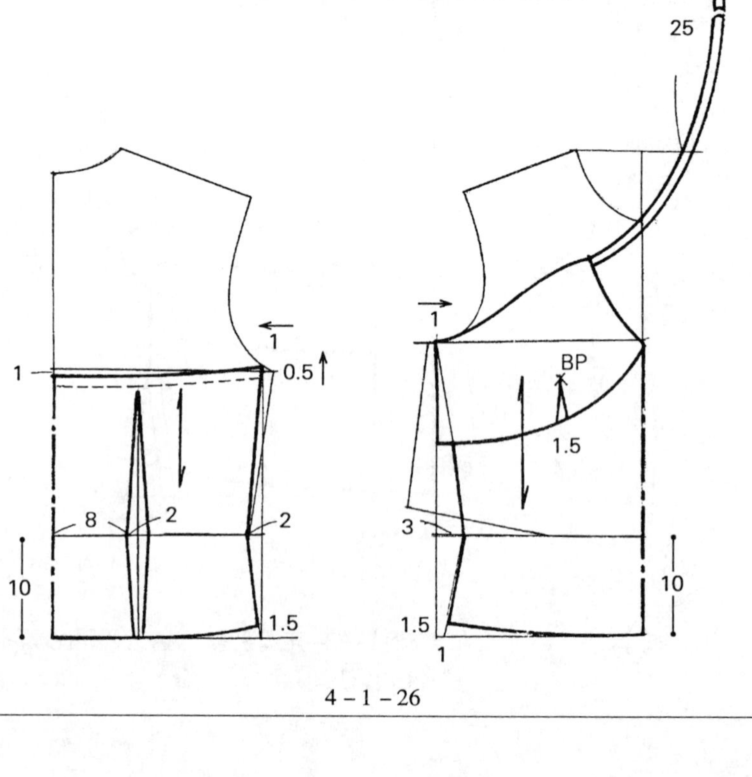

4－1－26

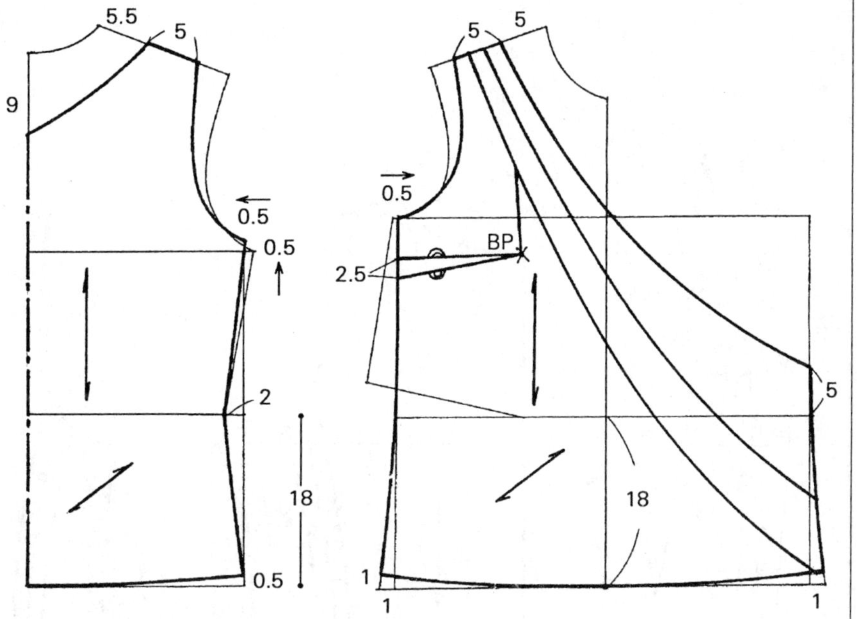

4－1－27

这是一款通过肩部的抽裥来丰富层次变化与动感的无袖上衣(如果用斜丝裁剪效果也不错)。

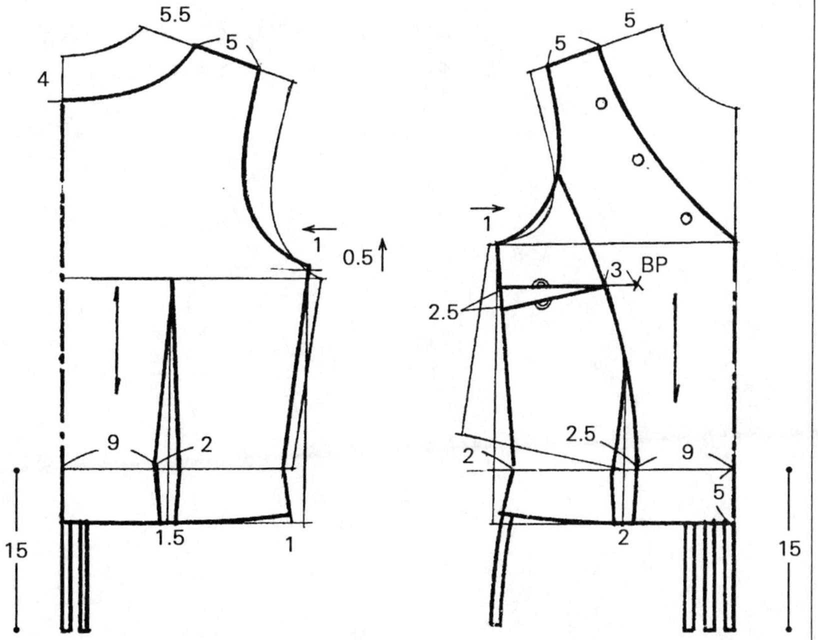

4－1－28

此款式是以仿麂皮类面料制成的短背心。较深的V字领,通过仿麂皮类皮条的串引以及下摆的流苏,显得较为前卫与性感。

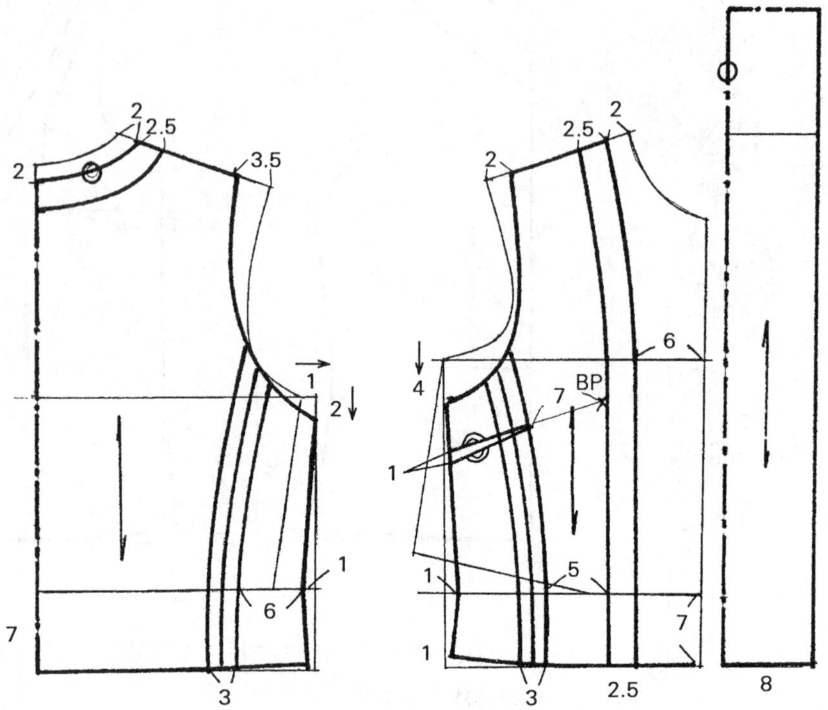

4－1－29

此款式是以丝绸或皮革与人造毛相组合的设计。领子与袖笼边用人造毛，侧片缝份可做于表面，具有休闲的感觉。

第二节　短袖上衣

短袖上衣。短袖上衣一般可指短袖衬衣，与长袖衬衣相对应，具有长袖衬衣所拥有的一切特点，其结构非常自由随意，形式变化也很丰富，没有什么必须遵循的条条框框。就结构形式看，领子可有可无，领型层出不穷，衣长的设计可长可短，作为衬衣、短袖上衣，在穿法上可分为内束式和外穿式两种，因此在结构上也有紧身贴体的、一般合体和宽松型等区别，然而不同的设计意念、不同的胸围放松量则体现出不同的着装风格和个性差别。有庄重文雅之感；有潇洒随意之感；也有活泼、甜美之感。

图 4－2－0　几种短袖上衣

此款式特点是采用印花全棉花布与白色别布相进行组合，使领子、袖口反边更为显眼，并通过合体的裁剪，给人以别致而文雅美感。

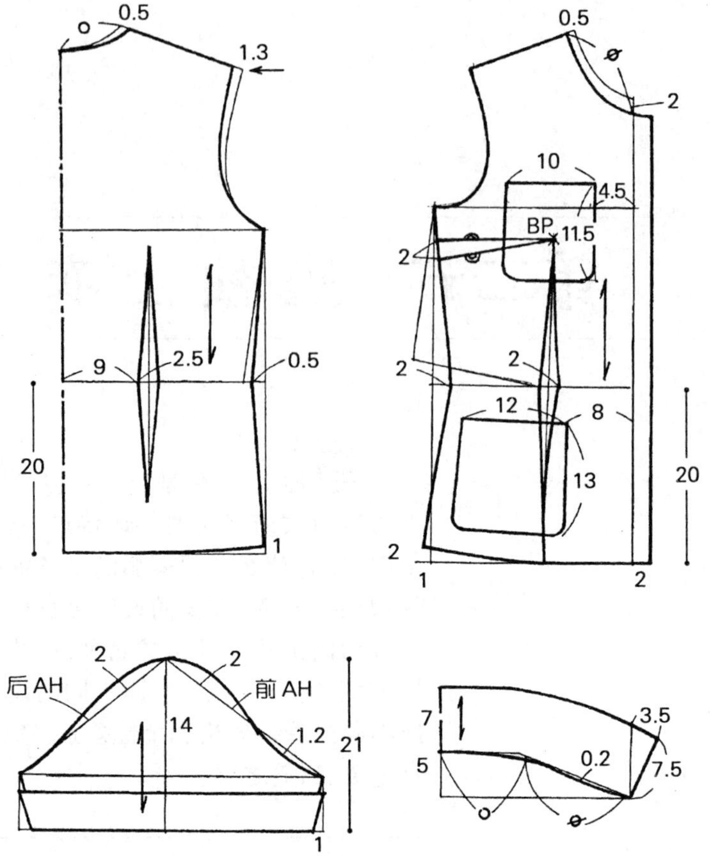

4－2－1

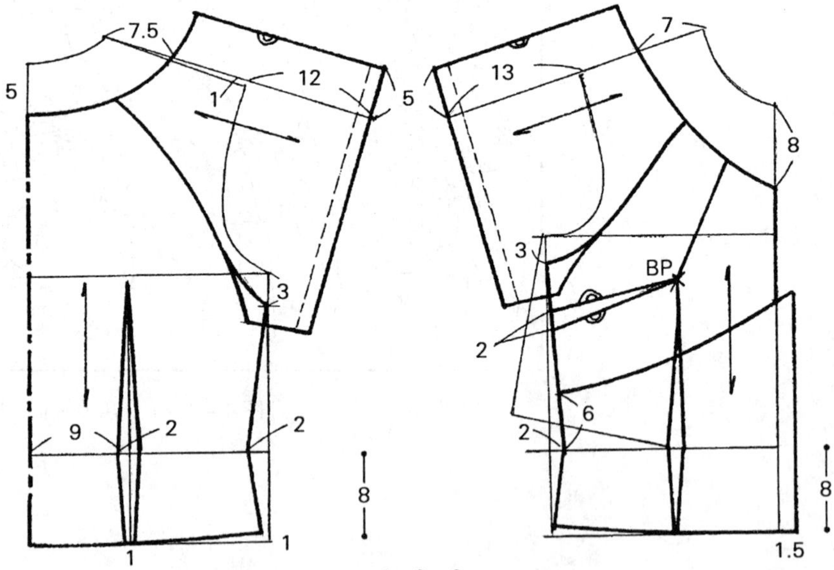

4－2－2

此款式为 V 字领、低胸造型。在领口边进行系带抽缩，袖子为插肩袖，胸部以下采合体形的构成，从而衬托出丰满的胸部。面料可采用印花乔其纱或针织面料与近似色进行组合。

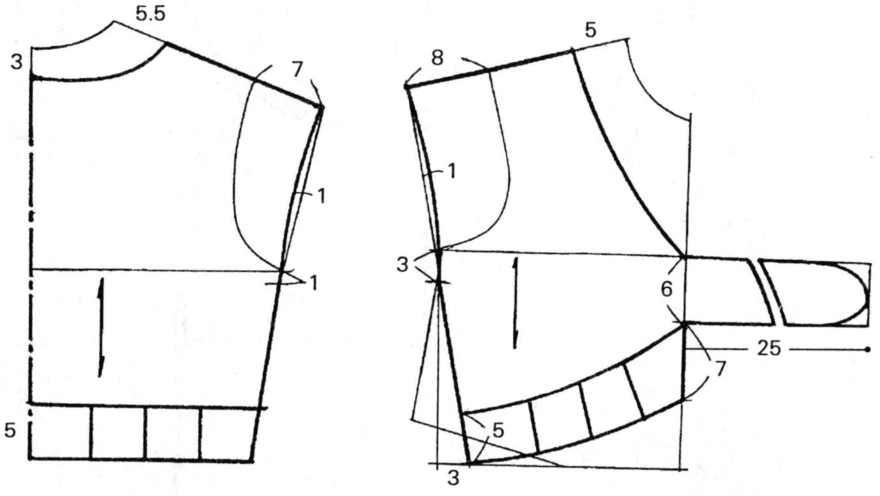

4－2－3

此款是一件连袖(袖子较短)。前中打蝴蝶结,下摆饰荷叶边的露脐上衣。

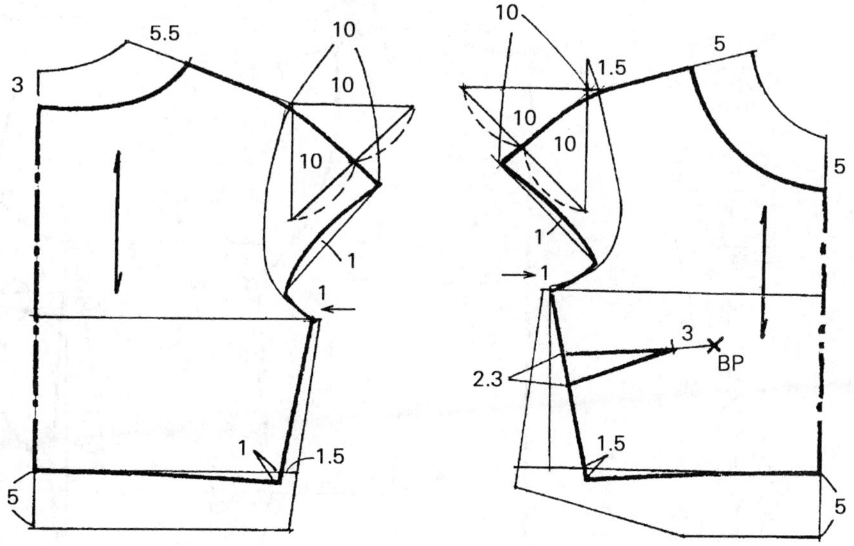

4－2－4

此款是一件较为简洁的短袖,无领上衣,在缝制时请防止领边的松弛而影响穿着效果。

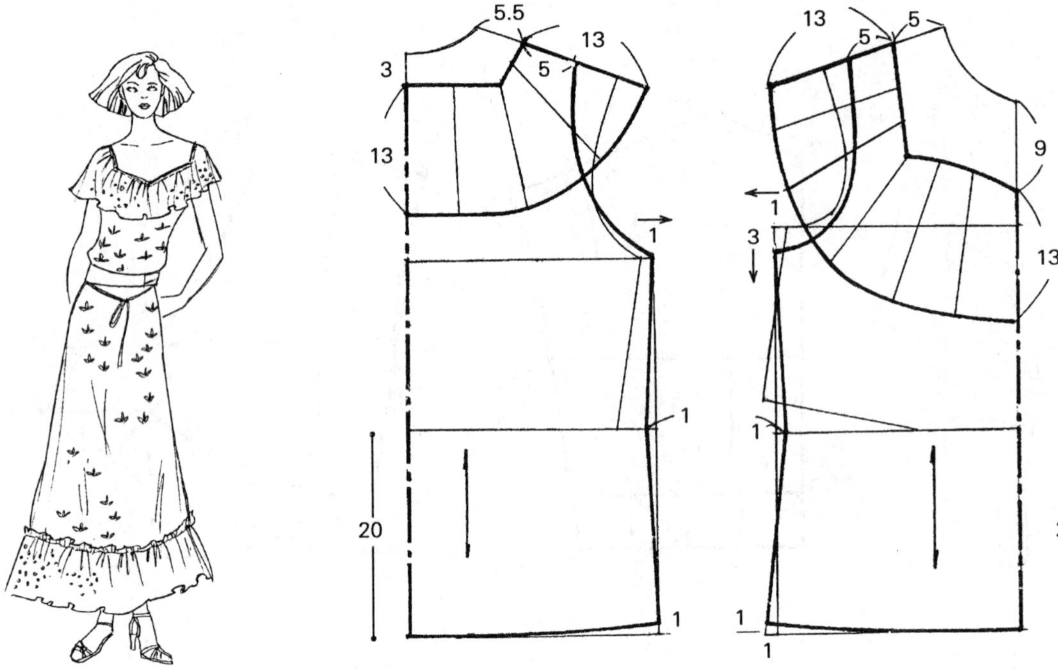

4－2－5

此款是无领变化形式，领线均采用弧线，领子可根据基本领形切开纸样展开，增加打褶量，领子外边可卷边或用本色线密拷。

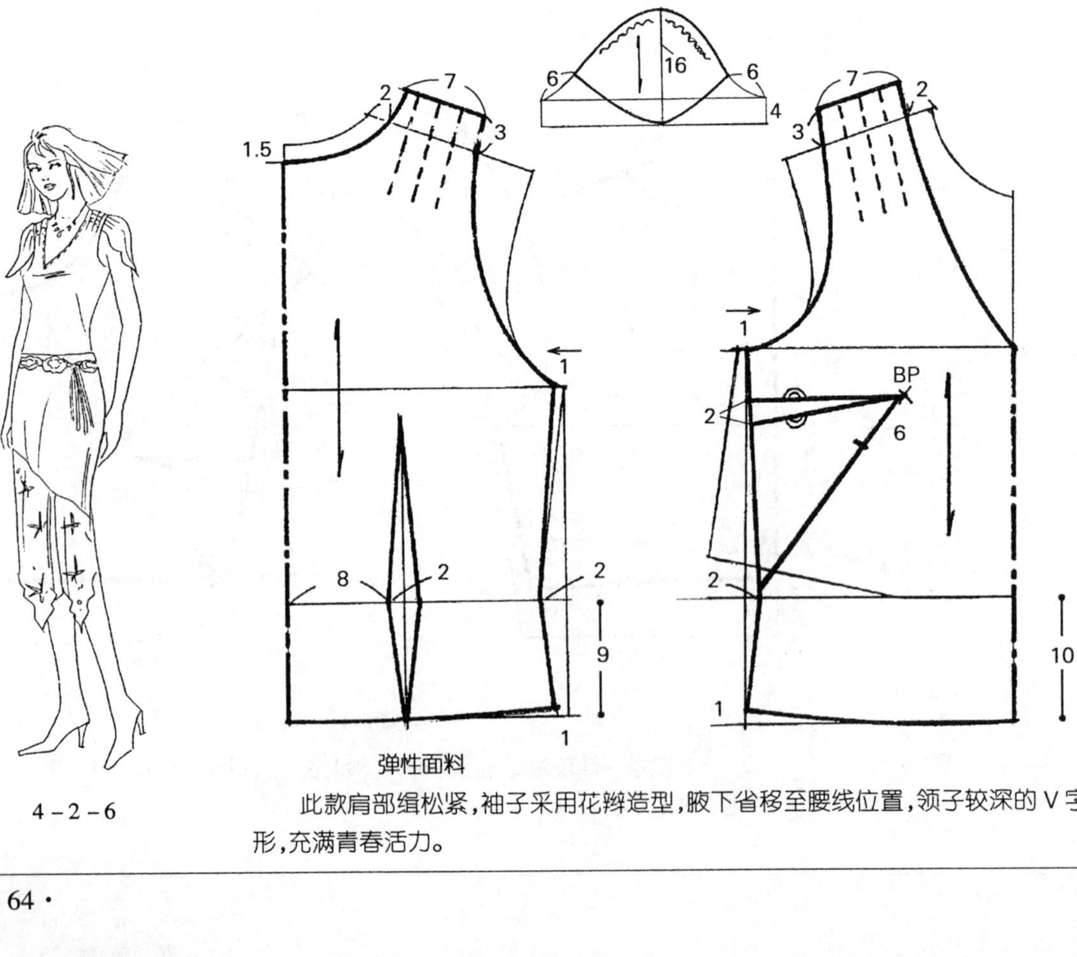

弹性面料

4－2－6

此款肩部缉松紧，袖子采用花瓣造型，腋下省移至腰线位置，领子较深的 V 字形，充满青春活力。

4－2－7

这是一款由插肩连袖与刀背缝相结合的短袖衬衫。在V字形领线中加蝴蝶结，让整日忙碌的职业女性有一份闲逸的好心情。

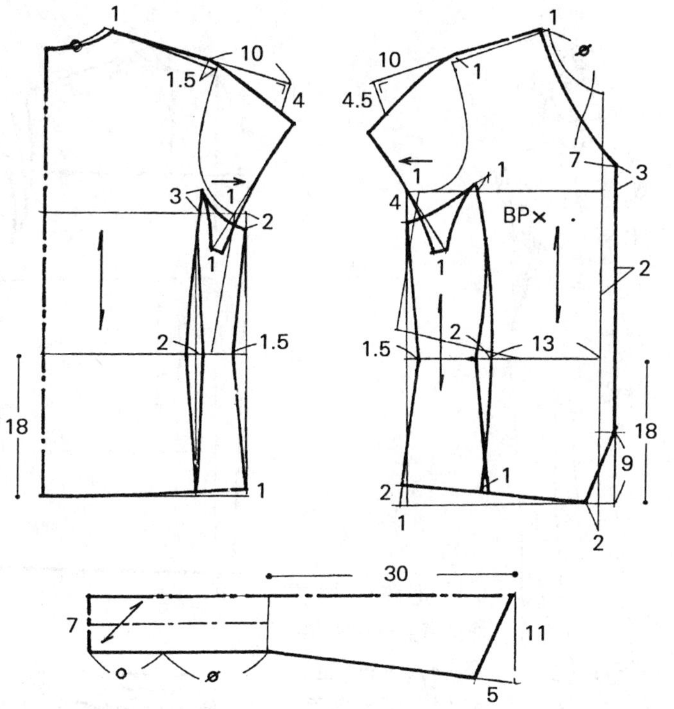

4－2－8

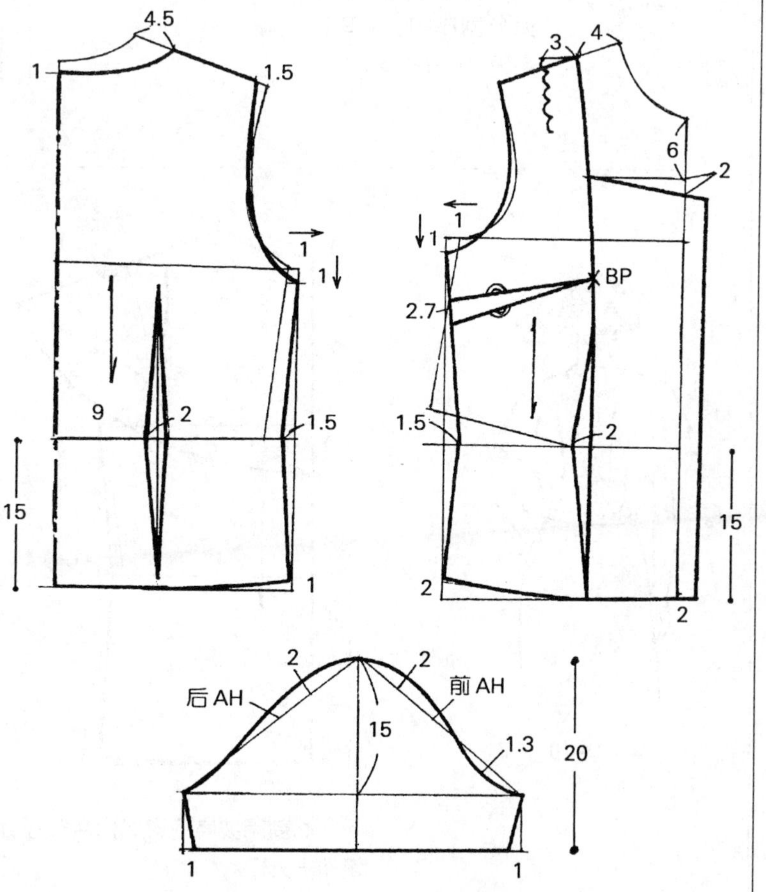

这是一款比较传统的短袖上衣。前片通过公主线的分割并加以荷叶边装饰，典雅而时尚。

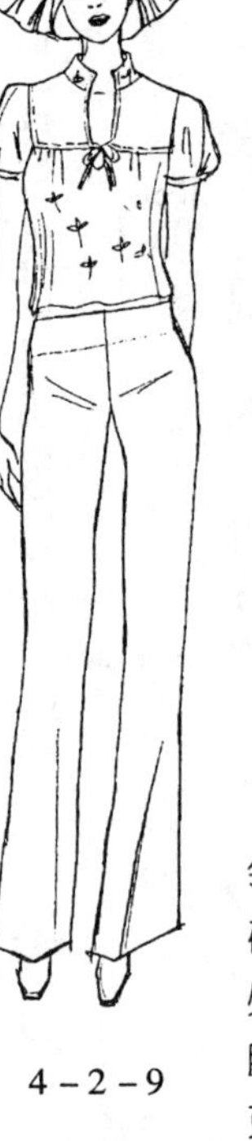

4－2－9

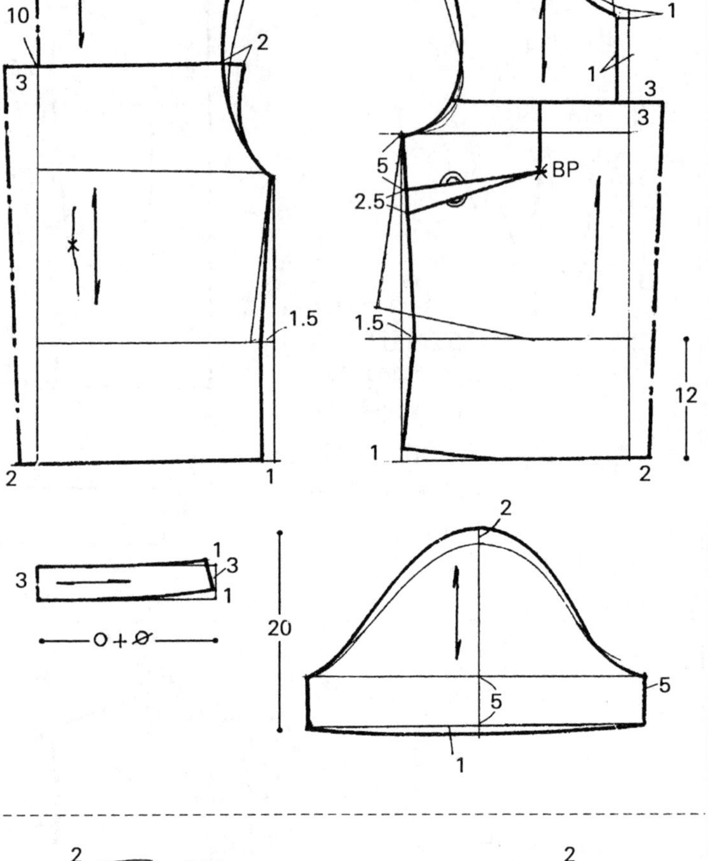

此款为小立领、育克式、前后抽碎裥成泡袖，袖口处可车缝松紧带，腋下省转移到前育克分割线中，并串绳带打结作点缀。

4－2－10

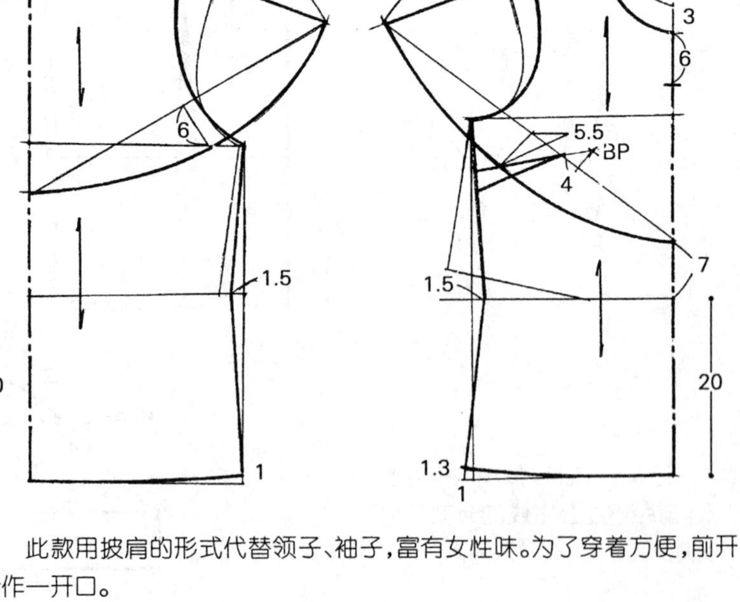

此款用披肩的形式代替领子、袖子，富有女性味。为了穿着方便，前开襟作一开口。

4－2－11

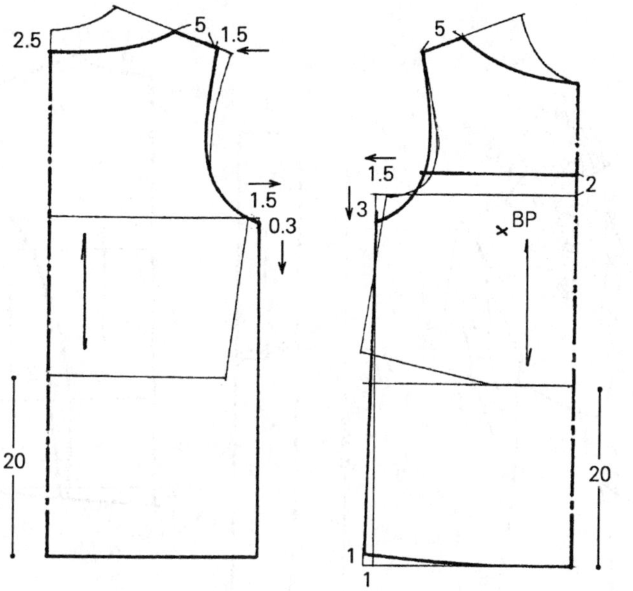

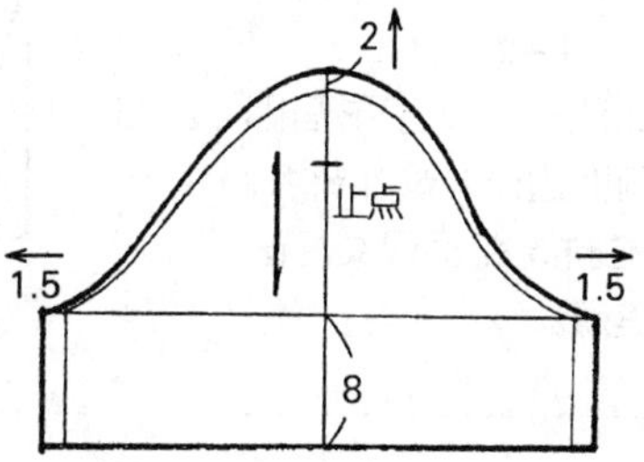

此款式是一字横领，直身形造型，袖子中线下部分缝自然张开，其特色是衣片上部育克与袖子边运用相同的印花面料。显得新颖而端庄。

4－2－12

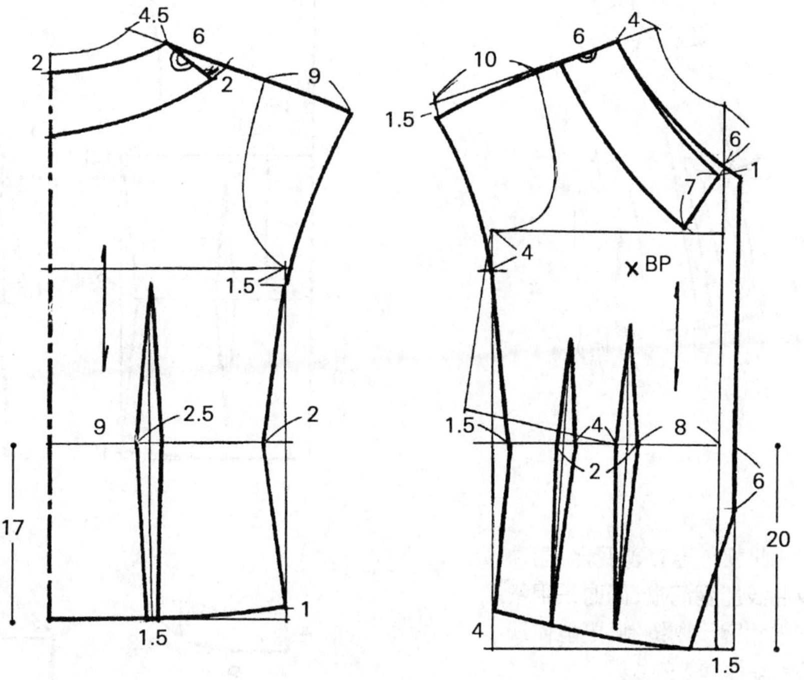

此款是平祖领造型、连袖、腰部双省缝制，既是线条的变化，又能表现仟细腰部曲线。

4－2－13

此款是在V字形基础上加荷叶边作为设计要点，下摆的斜线能呈现女性腰部的美感。

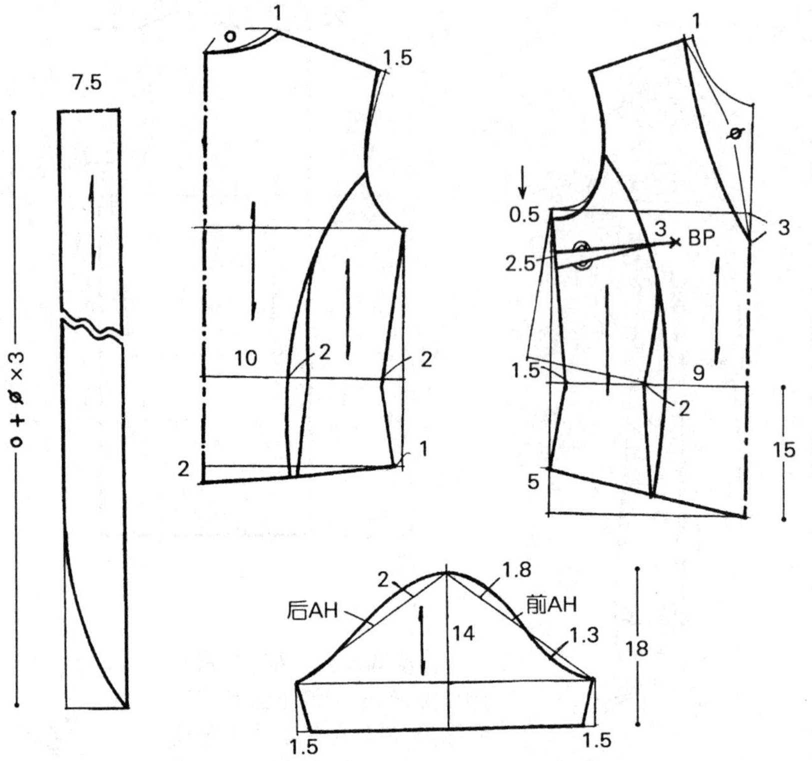

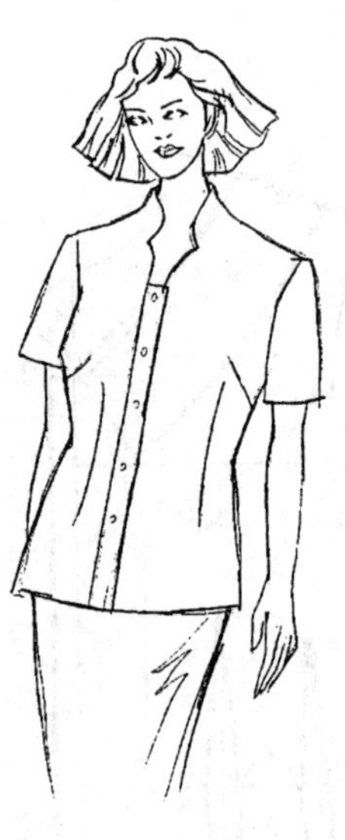

4－2－14

此款是连立领变化，前领以曲线加翻门襟，同时采用腋下省和胸腰削缝制，更能体现现代女性优美的线条。

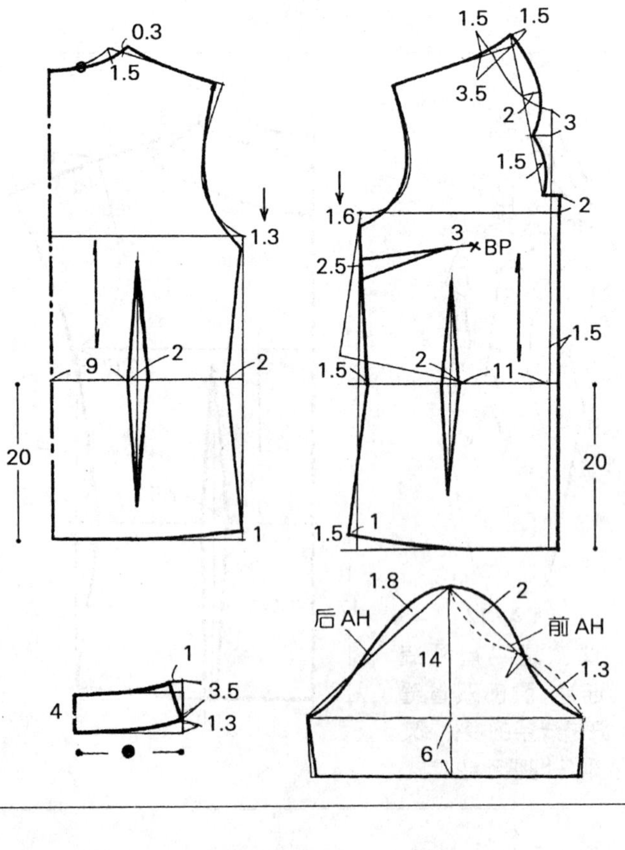

4-2-15

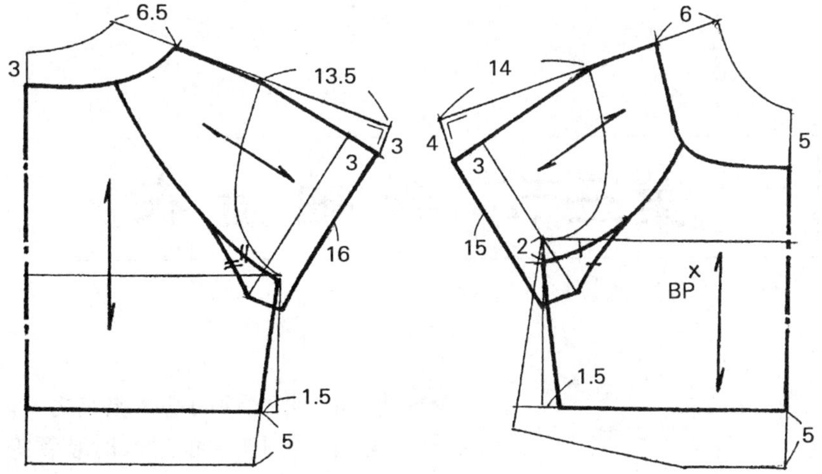

此款是一件较为可爱、时尚的连袖、露脐短上衣。前领口呈方圆形，领圈和袖口边可车缝适当的松紧，下摆用串带的形式，随意、浪漫、温馨。

4-2-16

此款式是一件相当合体的时尚上衣。在构成上采用了上下曲线的变化与荷叶边的组合设计，在衣线前胸中间进行抽碎褶，使穿者更为迷人。面料可采用黑色针织面料或黑色丝网布与印花针织物而相组合。

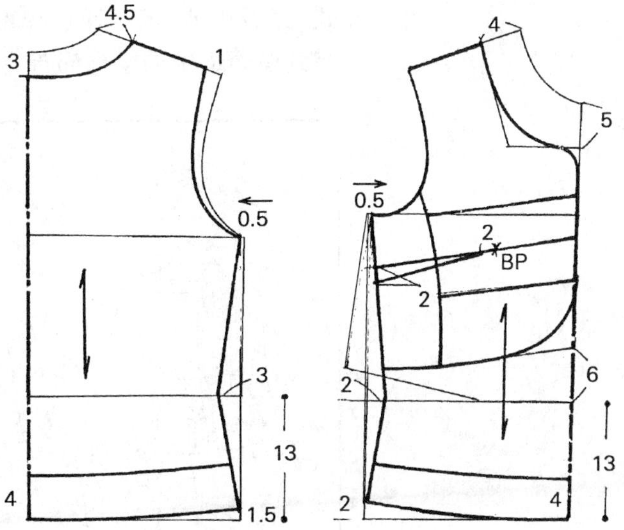

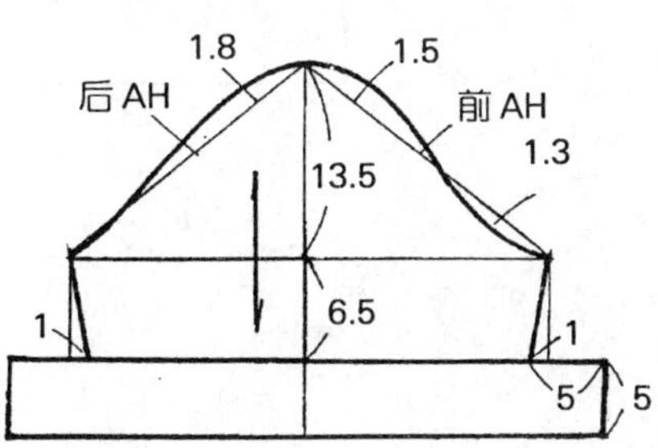

第三节　长袖上衣

长袖上衣，是女性的基本服装之一。既简便又实用，就结构形式看，领子有无领、关门领、翻驳领、时装领等，袖子有合体袖、泡泡袖、灯笼袖、连袖、插肩袖；衣长可长可短，并分内束式、外穿式之分，女衬衫借助各种服饰的配合可以有多种多样的组合与搭配，因此，不仅结构非常自由随意，形式变化也更为丰富，从日常用装到社交服，从春季、夏季到秋季，长袖衬衣已成为女性穿着应用最广的服装之一。

服装胸围放松量的设计变化，决定了不同款式的风格与美感，当你在设计、采寸时请注意胸围放松量的选择、定位，材料的选择应视款式、穿着季节、场合而选择不同的面料，从轻薄、飘逸的真丝、乔其、纱皱到厚薄适中的全棉棉布、化纤、针织等面料均可。

图 4－3－0　几种长袖衬衣

4－3－1

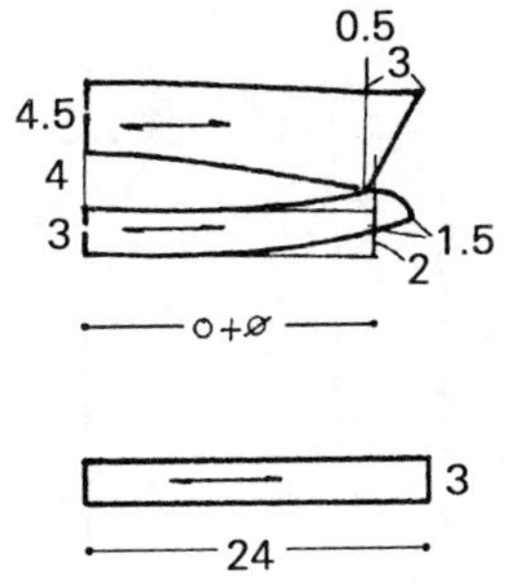

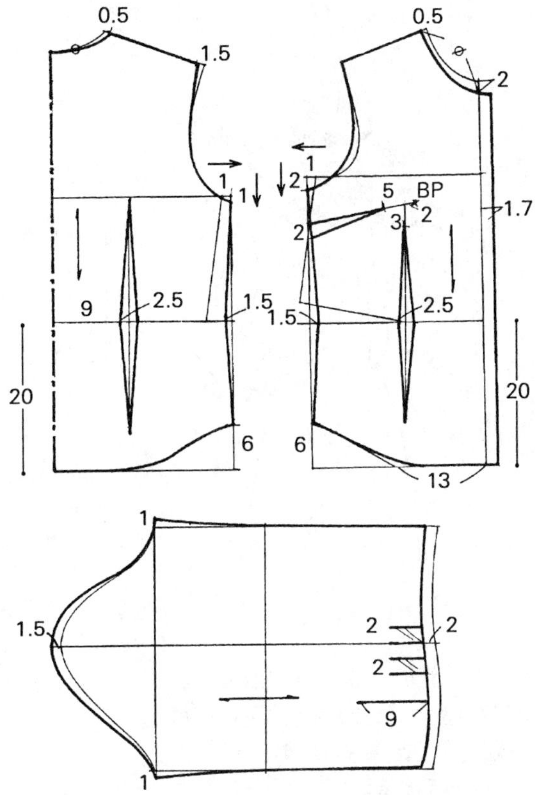

此款是一件比较常用的长袖女衬衫。男式衬衫领，曲线下摆，袖口打裥，也可抽碎褶。

4－3－2

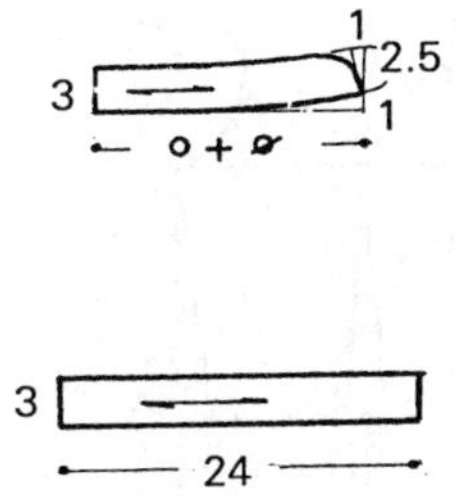

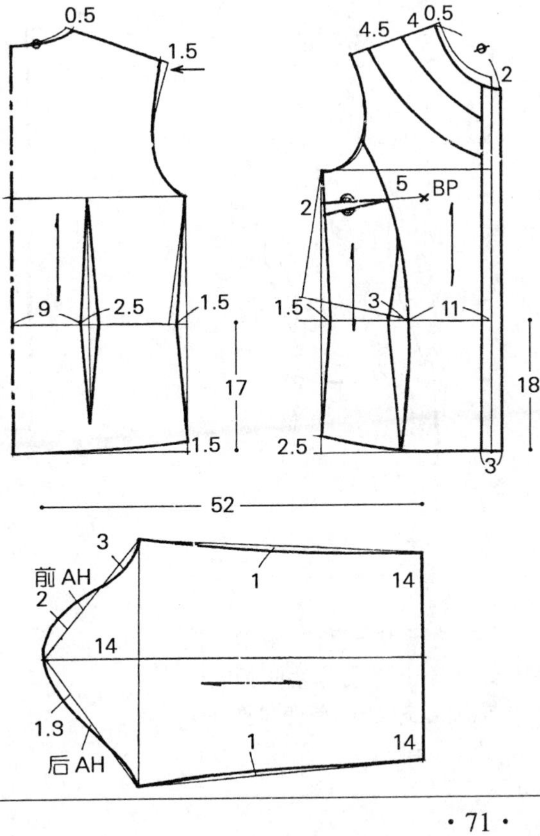

此款是以花边为特色的长袖衬衫。前胸至肩部的曲线、刀背曲线、领子、袖克夫等采用了花边的设计元素，体现了细腻精巧的淑女风格。

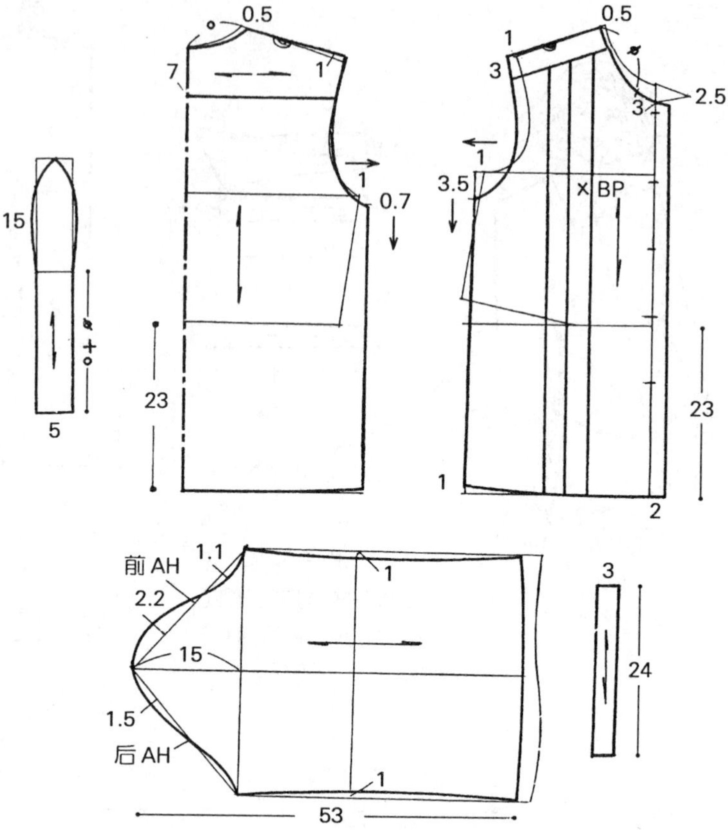

4－3－3

此款是一件相对宽松型的女衬衫。覆肩式分割与前片平行的垂线折缉明线，配以蝴蝶结领子，更显成熟与休闲。

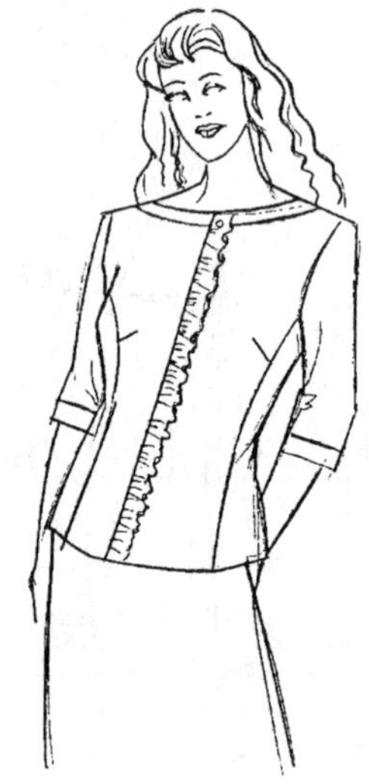

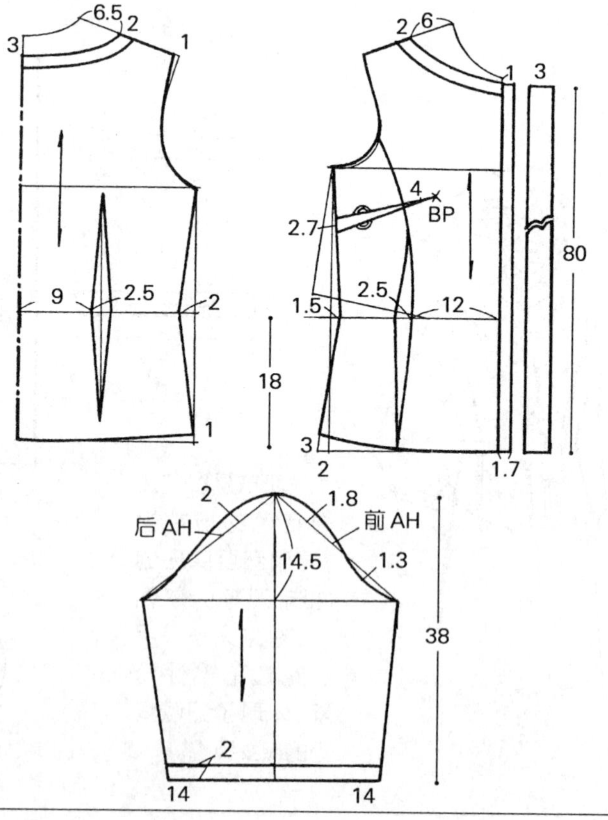

4－3－4

此款为一字领，前中门襟饰以荷叶边，可采用暗扣的形式。袖长为中长，具有典雅中求别致的自信。

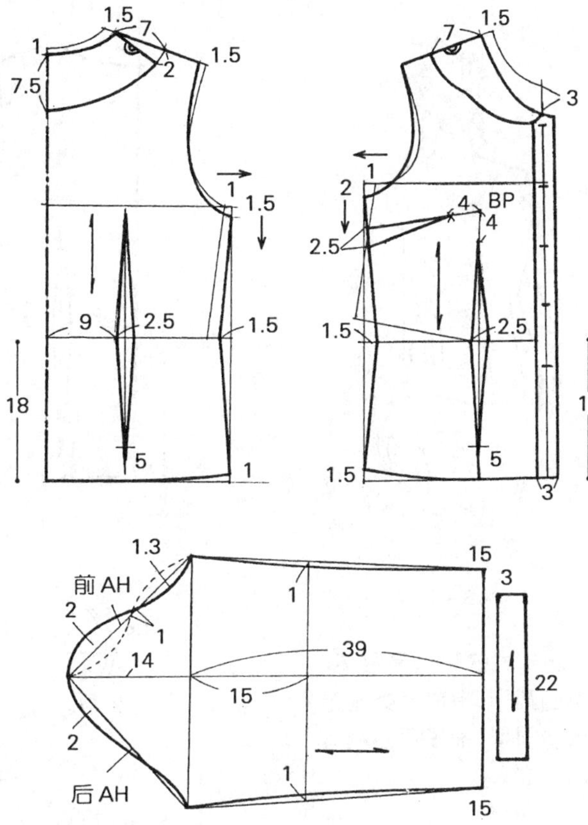

4－3－5

此款是用平领的构成方式，并在领子的外口线变为花似的曲线，再加以精细的小花边，更富有女性味。

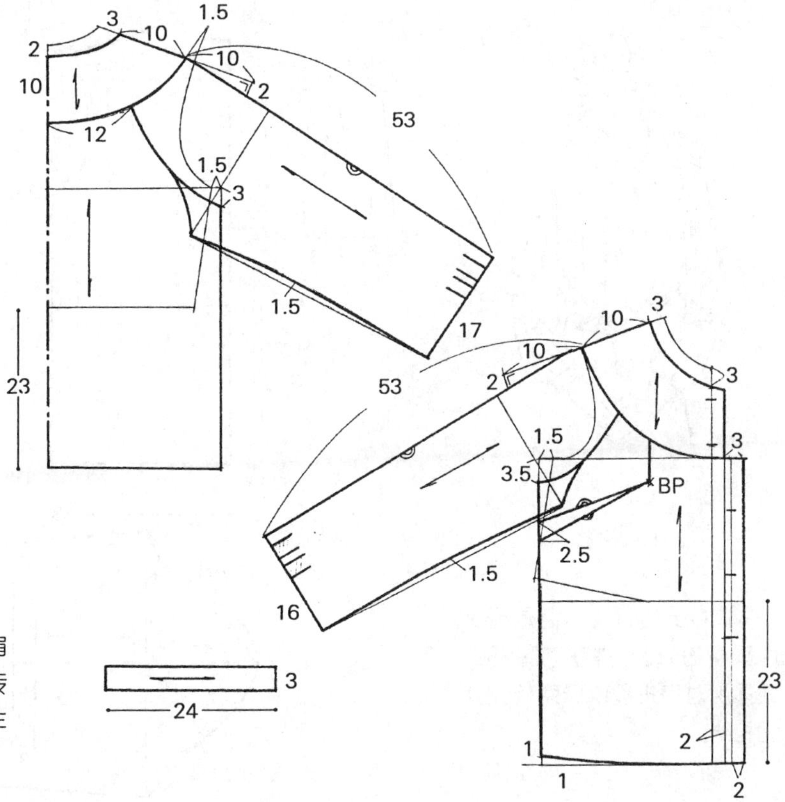

4－3－6

此款为曲线形分割与插肩袖结构的结合，通过省道的转移，使前胸部上方的抽褶更丰富，注意袖窿相对宽松为好。

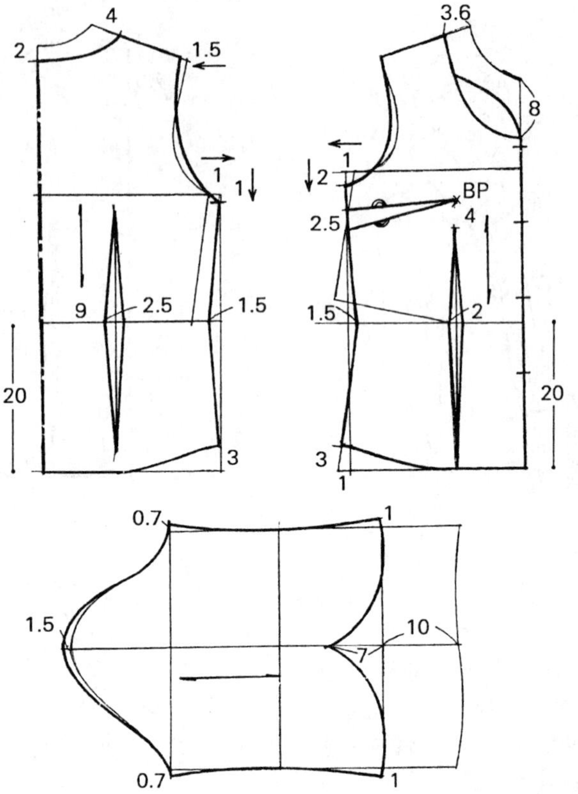

4－3－7

此款式的特点是漂亮、流畅的圆领，拼嵌另类别布来改变领型，袖子适当减短并裁成曲线。

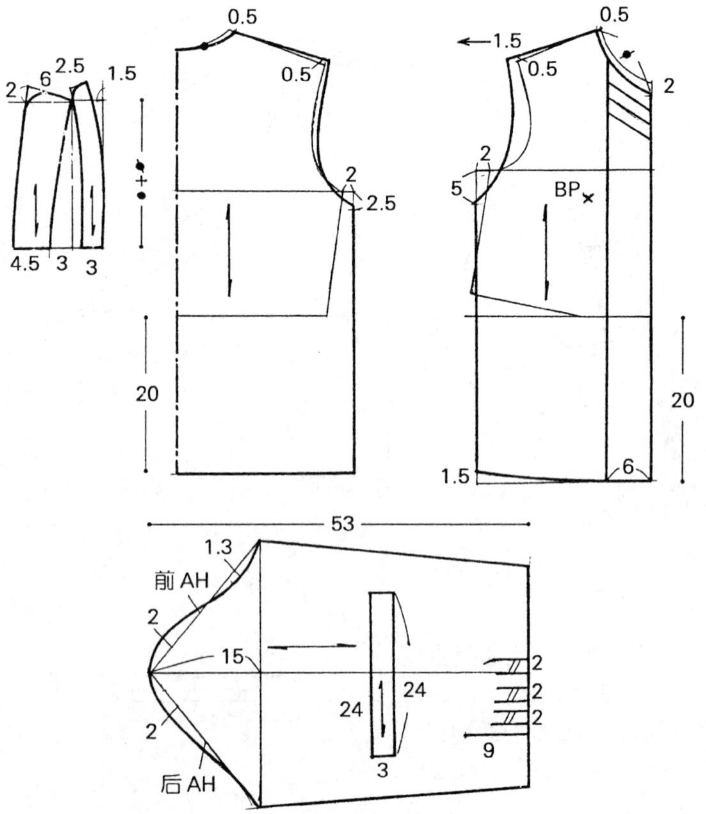

4－3－8

此款式的设计特色是前衣片垂直的分割，并在前胸开口处采用对称折裥或塔克（线迹）和扣绊。

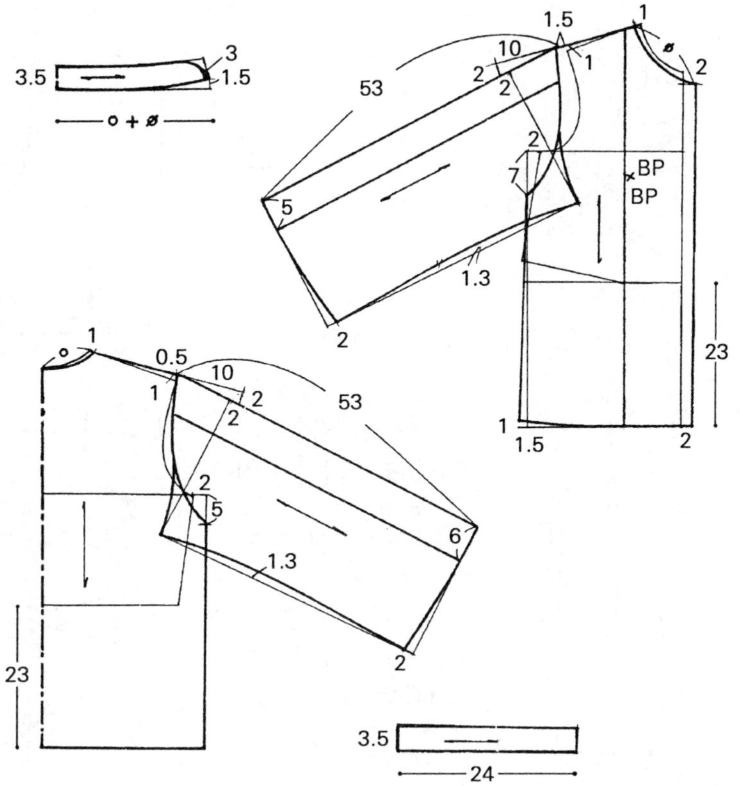

4 – 3 – 9

这是一件较为休闲、宽松的女式长袖衬衫，小立领、落肩，在衣片的分割处饰以花边，是家居休闲的首选。

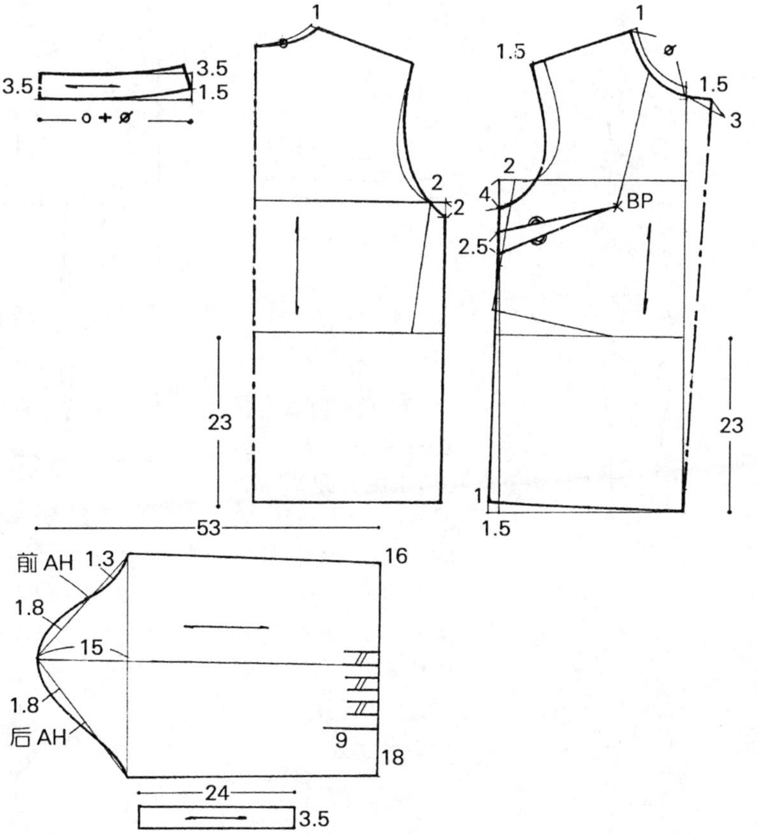

4 – 3 – 10

此款式的特点是将腋大省转移到领胸省的构成方法，为使领省有足够的折裥量，可延领弧线加宽 3 ~5 cm，后背开口可装隐形拉链。

4－3－11

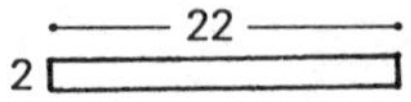

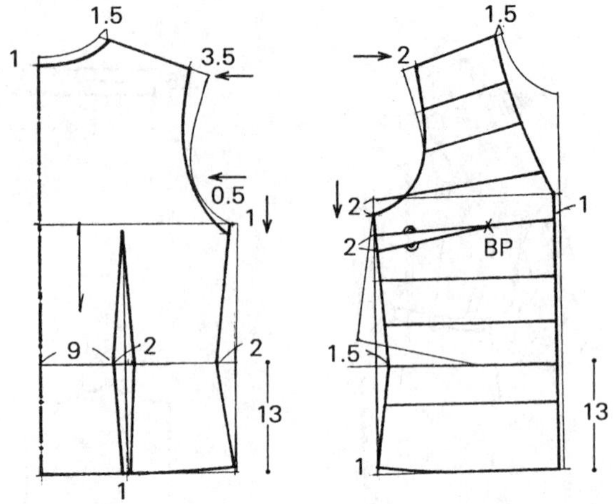

此款式特点是V字形低胸，并在领型线和前中采用抽褶的方式，前中门襟采用细带进行交叉打结，若隐若现，既时尚又富趣味性，袖子为灯笼长袖，衣片、领子、门襟（开口）的抽褶量可根据制图切线剪开、展开。

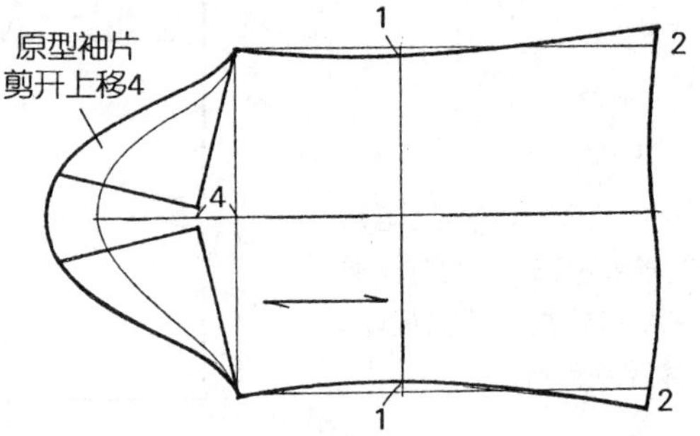

4－3－12

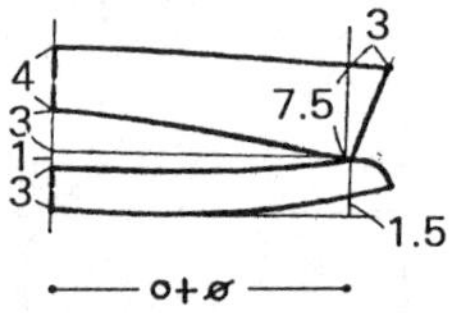

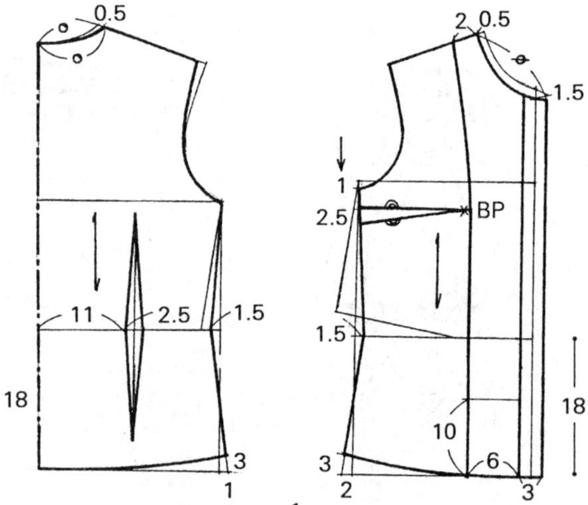

此款式特点是前衣片和袖子袖口部位，采用反面缉细松紧线进行有规则的抽褶。在具体缝制裁剪时须将前中片适当放大裁剪面料，然后通过缉松紧线后，按纸样进行修正后，再进行拼合缝制。

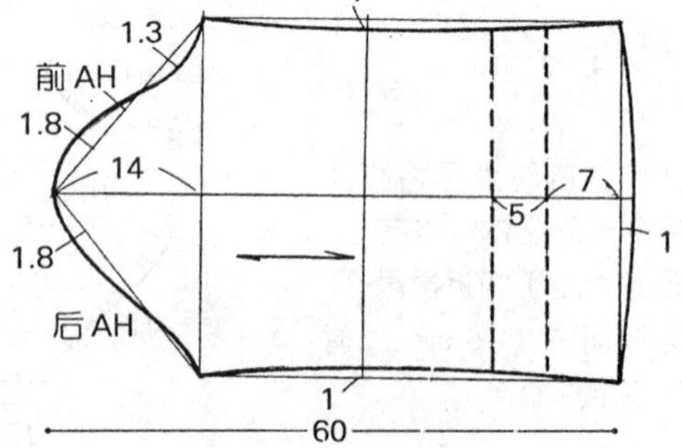

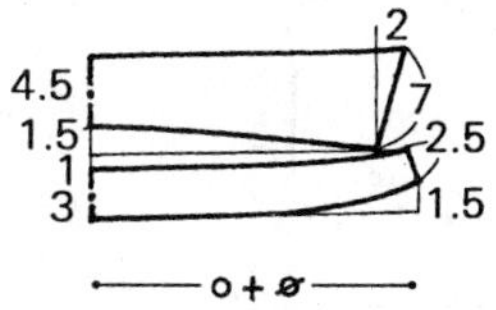

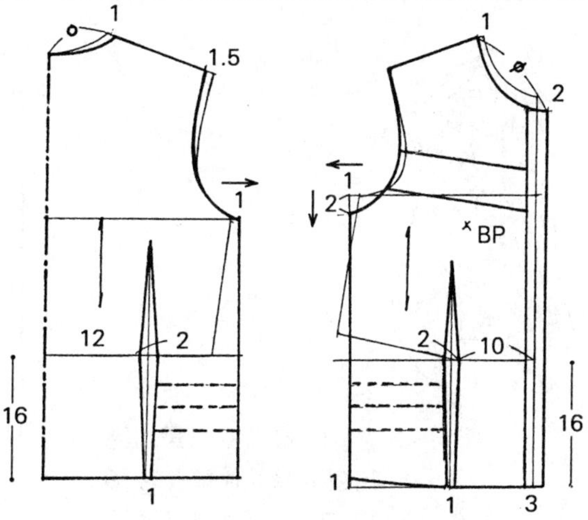

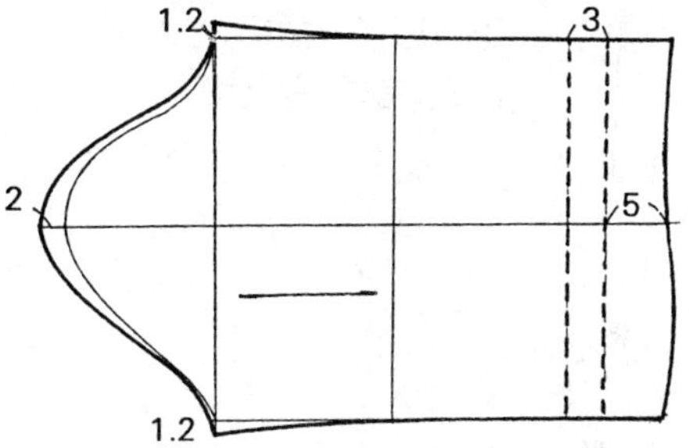

此款式是在腰部、袖口采用抽褶，前片肩胸处平行分割线处可用皮条或饰片绣饰，别具风采。

4－3－13

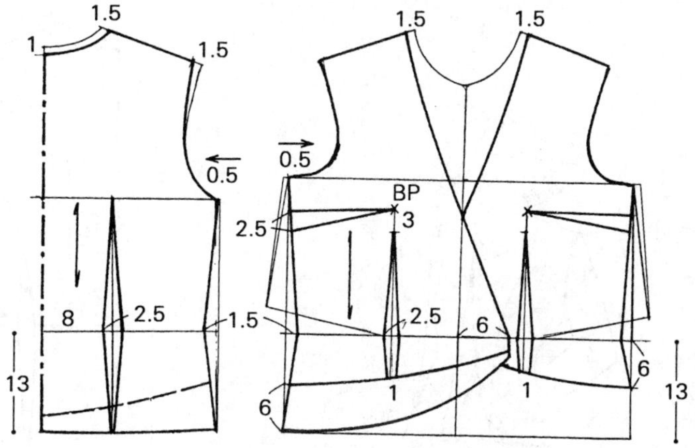

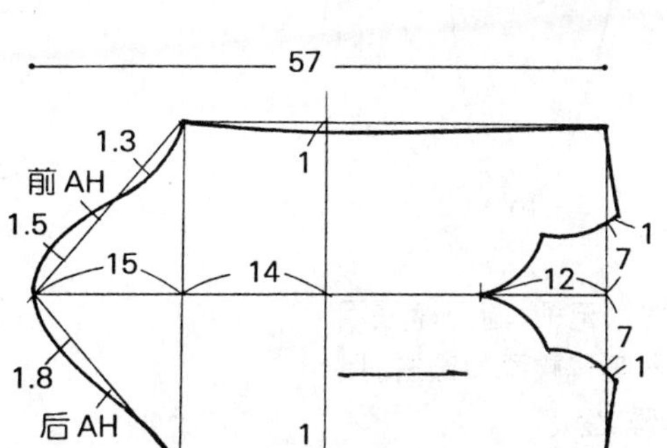

此款式采用了低胸 V 字形领开口的设计。曲线、荷叶边的下摆、门襟扣子用细带扎结，袖子采用宽松曲线型的裁剪，并用珠片进行点缀，具有飘逸、轻松、华贵的风韵。

4－3－14

4－3－15

此款式特点是以宽花边或蕾丝代替V字形领，并在腰部分割线上方进行适量的抽褶，给人以温文、含蓄、秀之美。

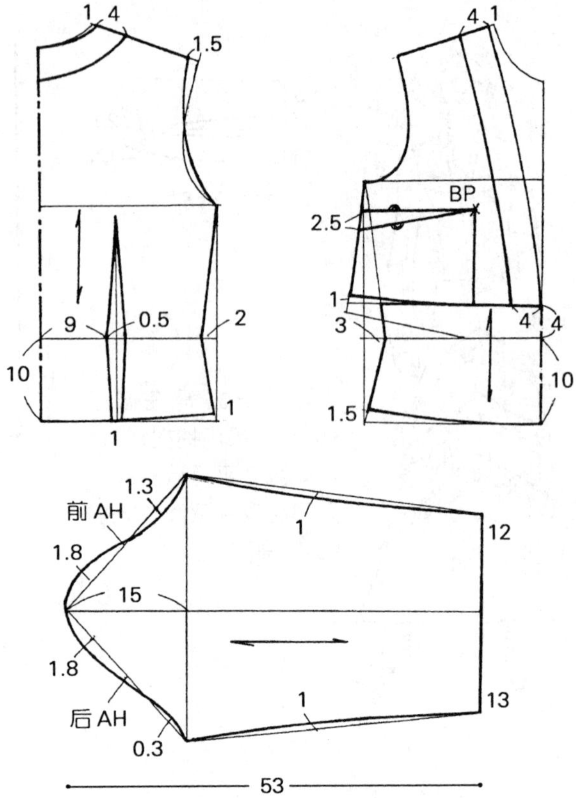

4－3－16

此款式为无领、前门襟采用别布或蕾丝等异质面料镶拼，具有庄重、典雅之感。

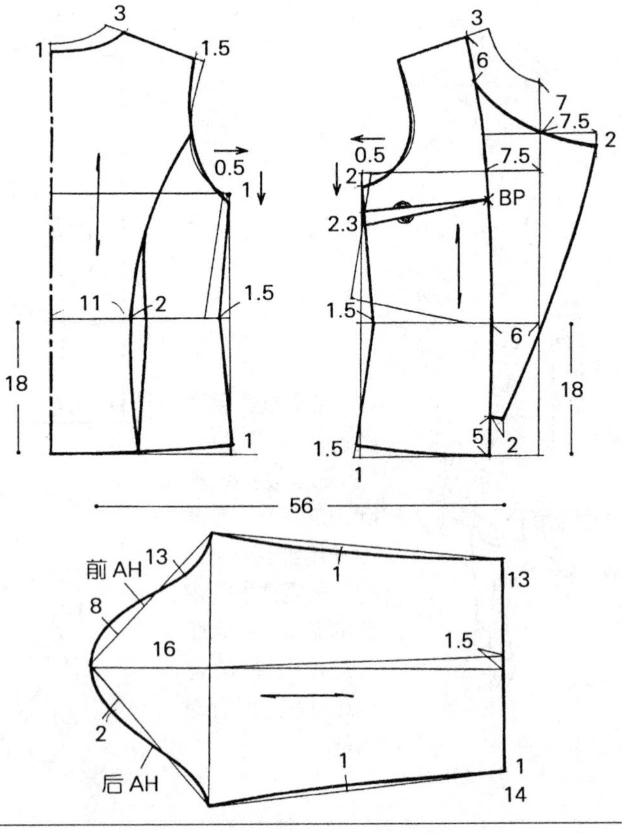

第四节　连衣裙

连衣裙顾名思义，是上衣和裙子连在一起的服装，在女装中是最能体现女性体形美和个性化的服装之一。上装的多元化与裙子丰富的造型，决定了连衣裙的款式千变万化，风情万种。从结构造型上有高腰节、低腰节、标准腰位线、直身形、合体形、刀背缝、公主线等。领子的造型更是灵活而多变，有无领、立领、翻领、荷叶边领以及不同风格的水兵领、V字领、波浪领等。在袖子的处理上，有长袖、中袖、短袖、无袖、灯笼袖、钟形袖、蝙蝠袖以及与肩部的处理有关的连袖、装袖和服袖、变形喇叭袖，在工艺装饰手法上，常用细褶、花边刺绣、贴花、镂空、缉线、滚边、镶条、打结(育克、开衩)。其次，连衣裙的造型设计上，运用造型艺术的视错原理，常见的直线、斜线、曲线的巧妙运用，更加体现了连衣裙多变的魅力。

图4-4-0　几种连衣裙

4－4－1

此款式为袒胸、露肩、露背、高腰中长连衣裙。在腰部打皱褶，领线边处可作适当的珠绣，给人以焕然一新的愉悦。

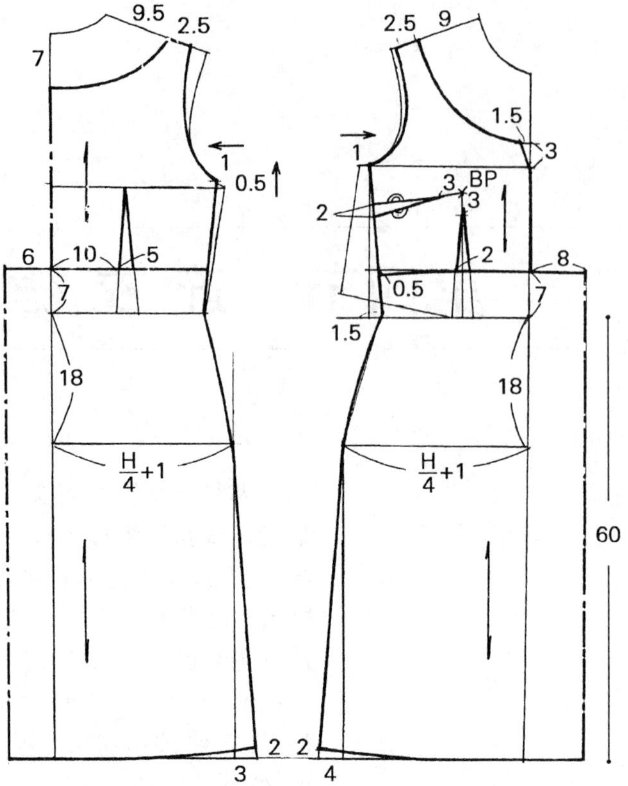

4－4－2

此款式以流畅线条，舒缓外形，腰部反面缉松紧为特点，适合活泼、洒脱青年女性穿着。

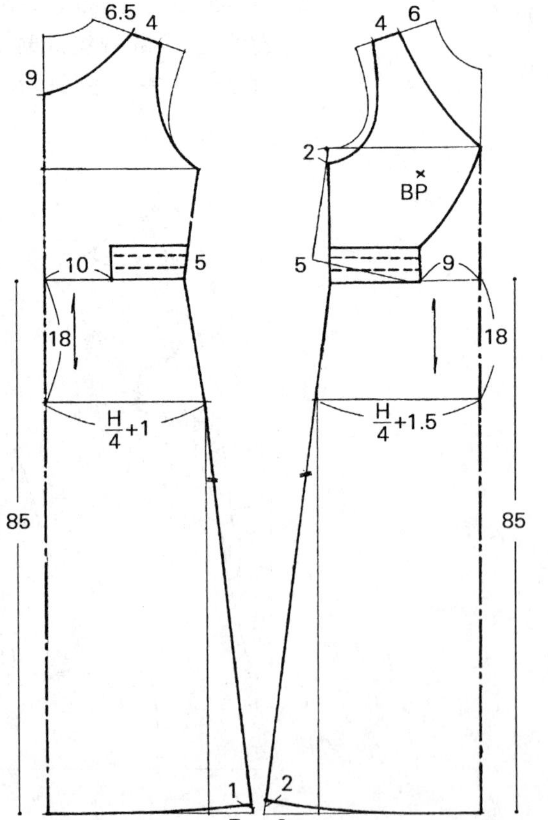

4－4－3

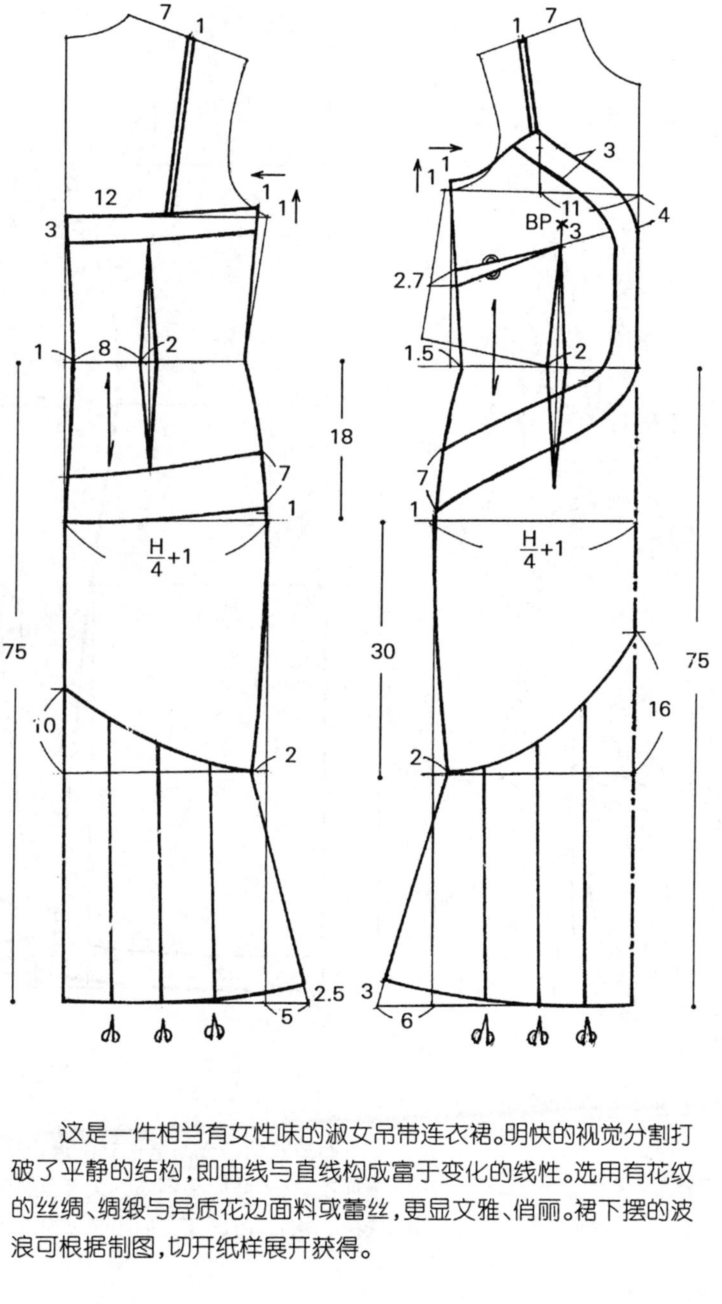

这是一件相当有女性味的淑女吊带连衣裙。明快的视觉分割打破了平静的结构，即曲线与直线构成富于变化的线性。选用有花纹的丝绸、绸缎与异质花边面料或蕾丝，更显文雅、俏丽。裙下摆的波浪可根据制图，切开纸样展开获得。

4－4－4

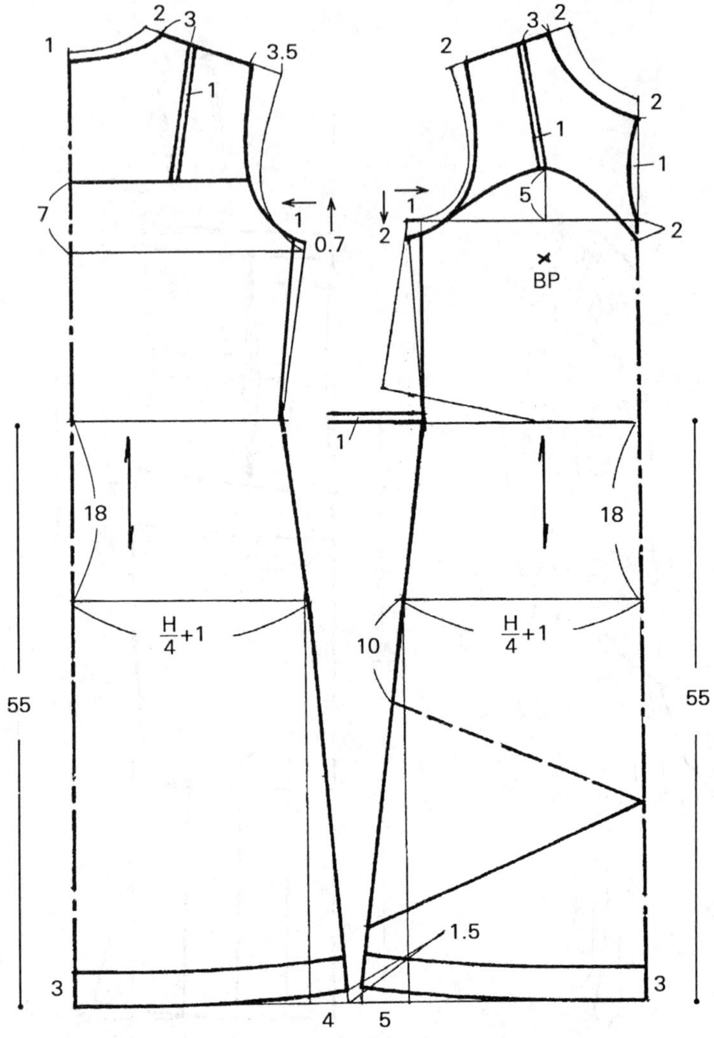

此款式可做成两层形式的连衣裙。里层是采用文静花卉弹性面料的吊带连衣裙，外层可采用薄纱或真丝乔其纱，并略长于里层裙的无袖、圆领连衣裙。领圈滚边、开口，袖口滚边是决定裙子的质量所在。

4－4－5

此款式以露肩、低胸、高腰为特色。袖笼滚边与后领边相连，并以美丽的花边作装饰，充分展现了都市女性活泼大方的现代风采。

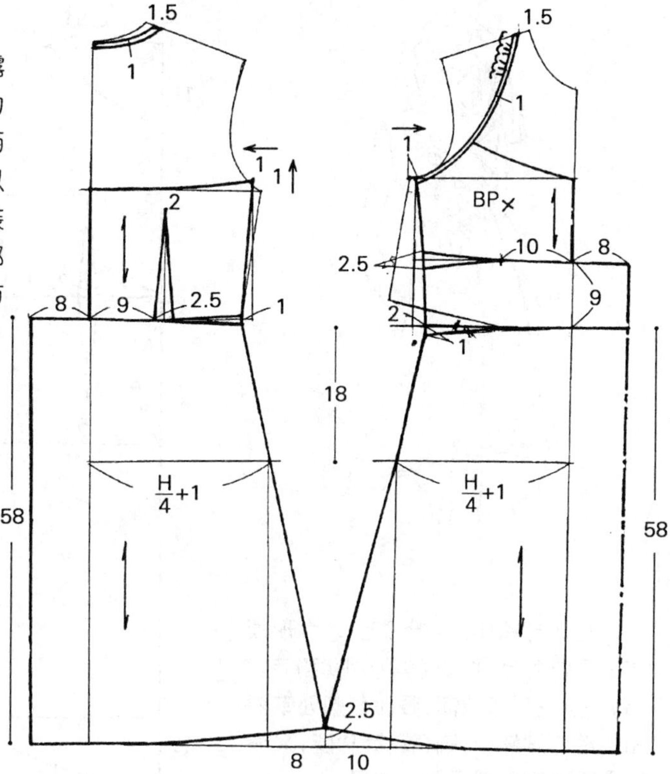

4－4－6

此款式造型充满青春活力，前胸衣片可用装饰钉珠、晶片绣、绣花等工艺手法，具华贵大方之感，衣片上沿可作荷叶边或蕾丝处理。

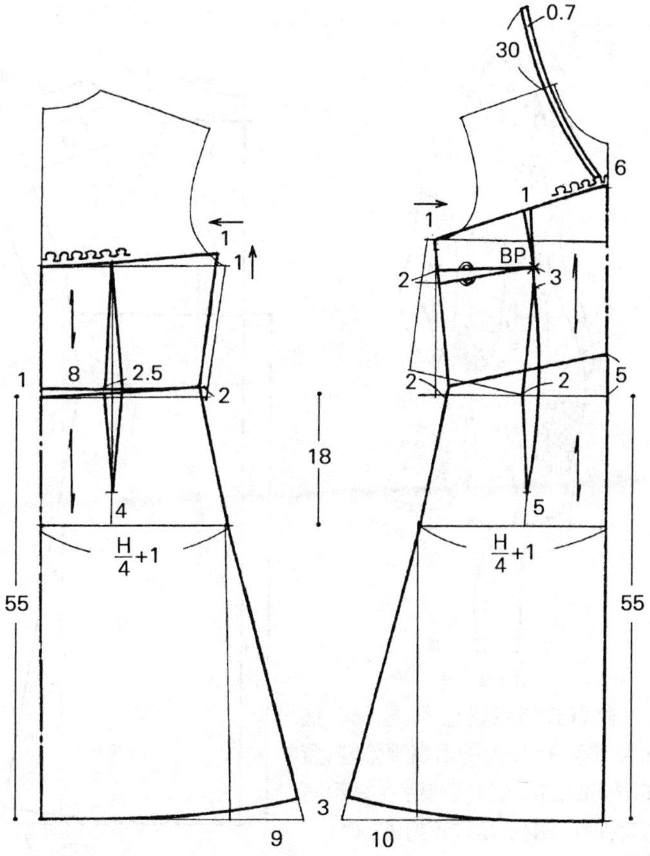

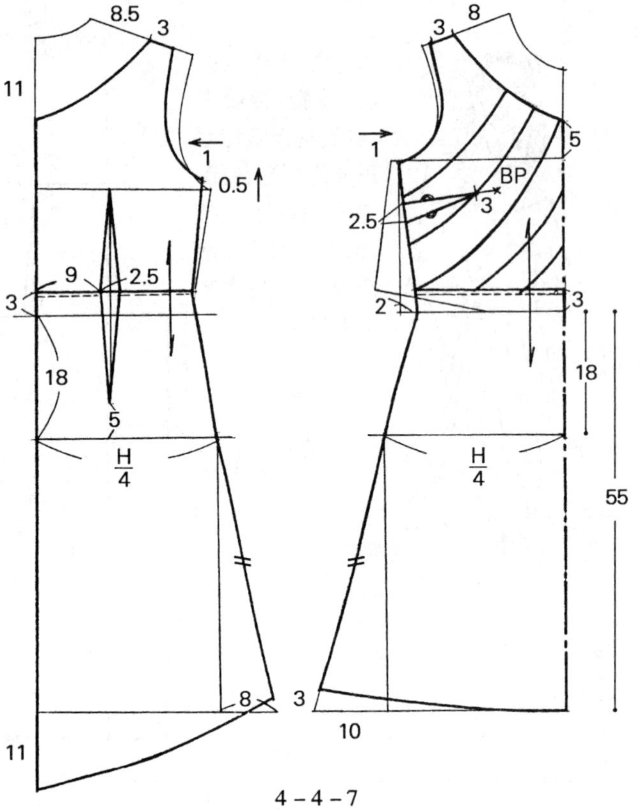

4－4－7

此款式将斜线与袒胸的"V"字形领线的巧妙组合，形成优美的规律和节奏感，并以花边作装饰，腰部分割处串细带扎结成蝴蝶结，既有装饰功能，又有实用活动功能，颇具动人之感。

4－4－8

此款式特点是袖子、领圈以抽褶为特色，裙身也采用高腰分割，整体款式简洁而富有趣味性。材料宜选有弹性、印花、垂性较好的织物。

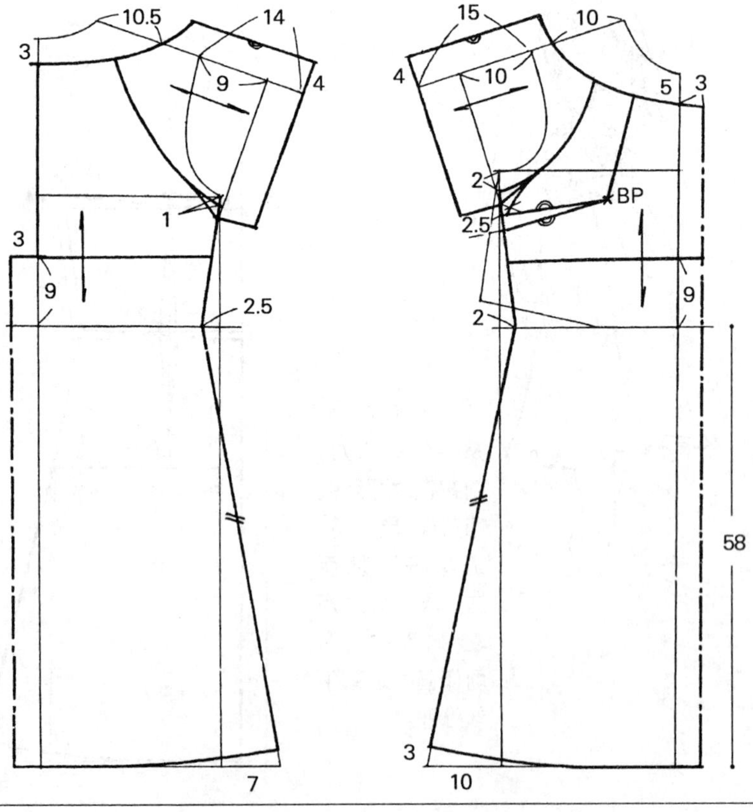

4－4－9

此款式特点是低胸、门襟用串带作交叉扎结，并在腰部作较长的流苏设计，使服装显得时尚、随意、静中有动。

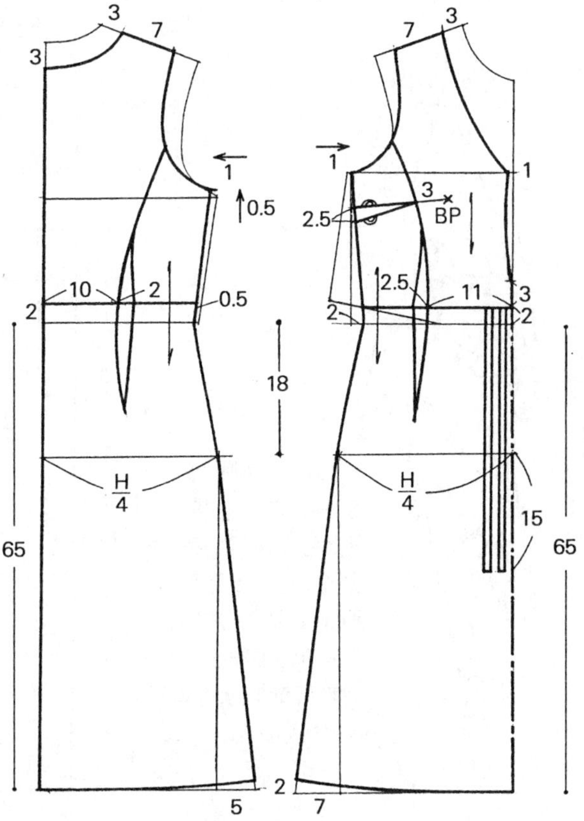

4－4－10

此款式为青果领，露肩，从前领弧延伸作公主线的连衣裙。腋下省转移到领弧线之中，具有合体流畅的作用。

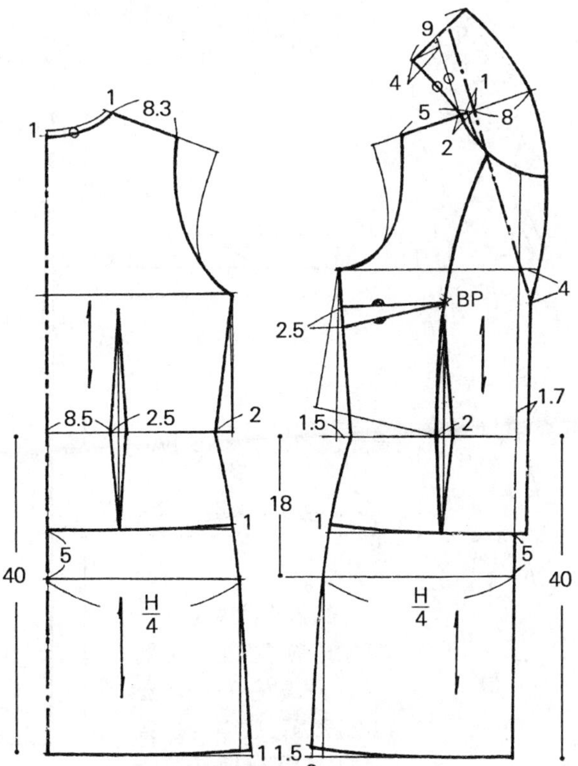

4－4－11

此款以低胸、露肩，并通过不同曲线的变化与面料的组合，尽显裙装的浪漫与动感。腰部系带打蝴蝶结，既可调节切腰程度，又是一种装饰之美。真可谓：华丽多姿。

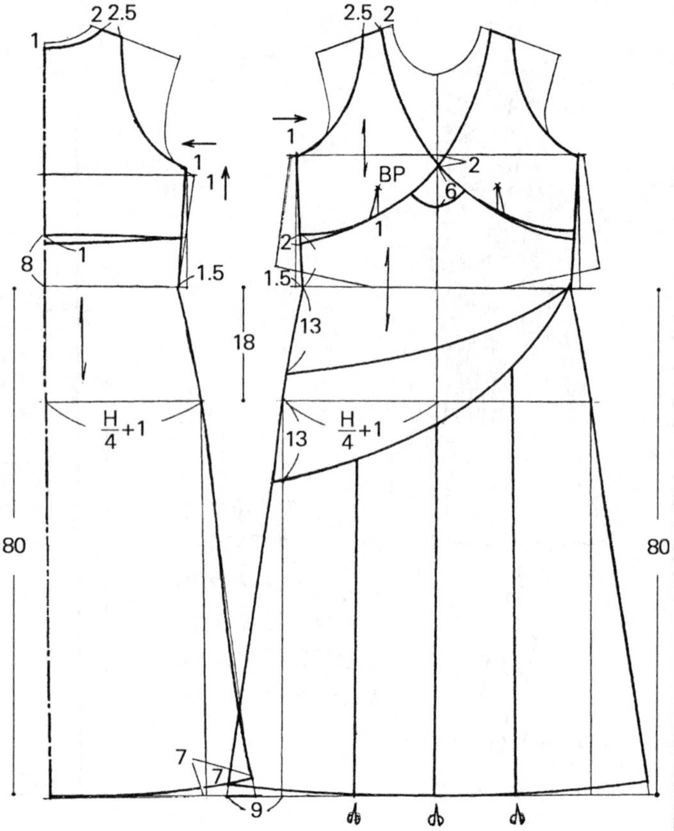

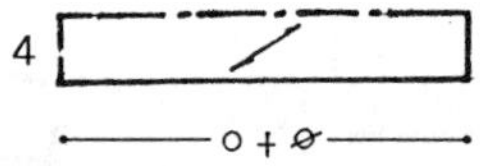

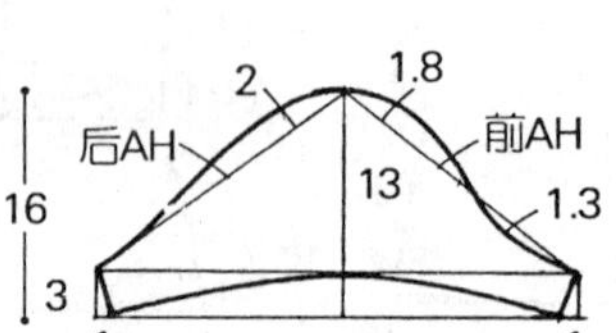

此款式特点是在一字领形的基础上加上翻卷立领，领子采用斜丝对折裁剪，后中用拉链开口，宜用弹性面料。

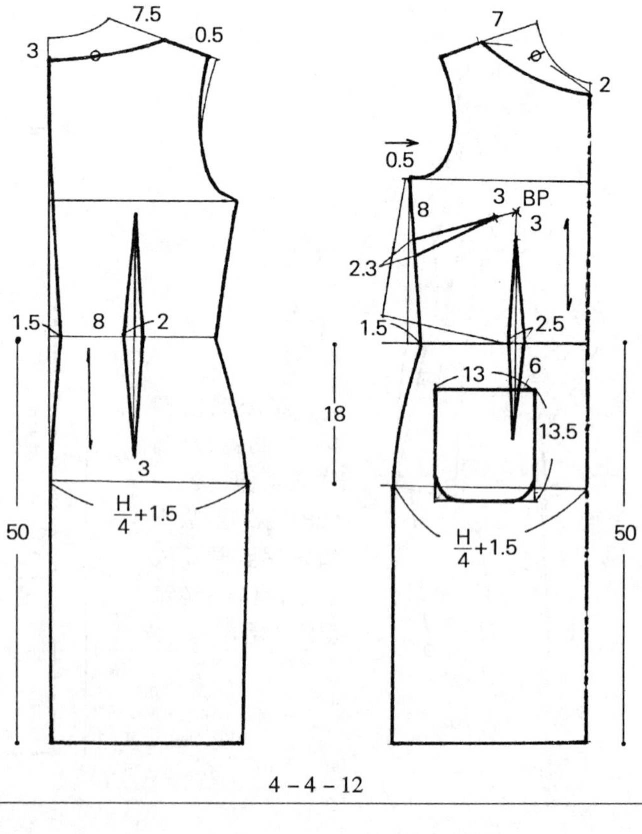

4－4－12

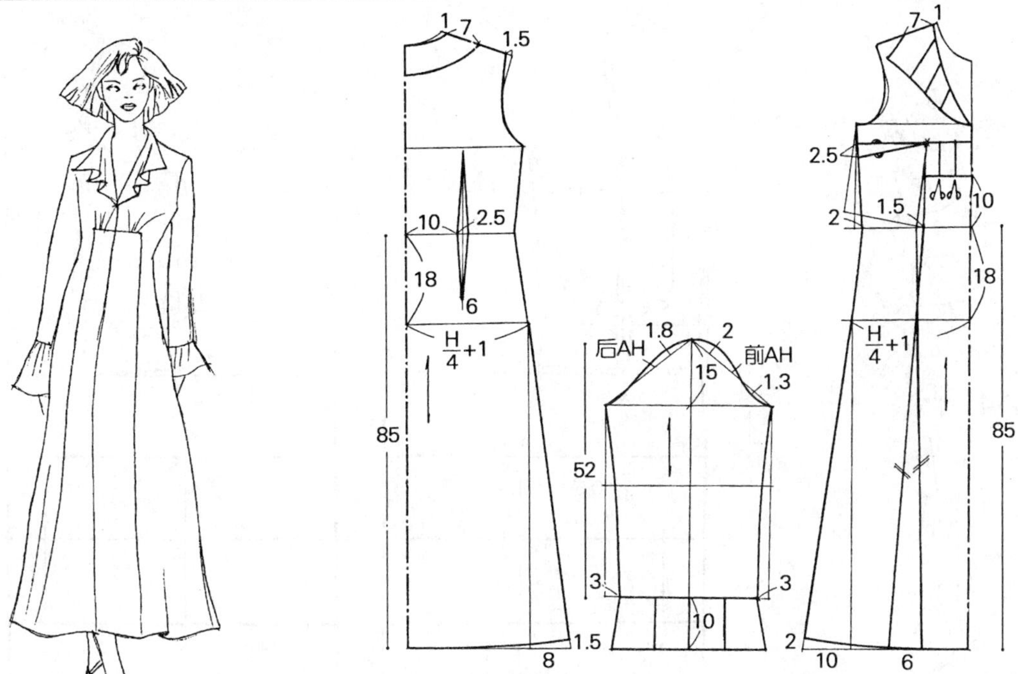

4－4－13

此款式主要特色是荷叶边领，后领没有波浪，袖克夫也用荷叶边，其次在前衣片作横线与直线的转角处理与抽褶。面料宜选用绉纱或垂性较为好的针织面料，给人以柔美而温馨的感觉。

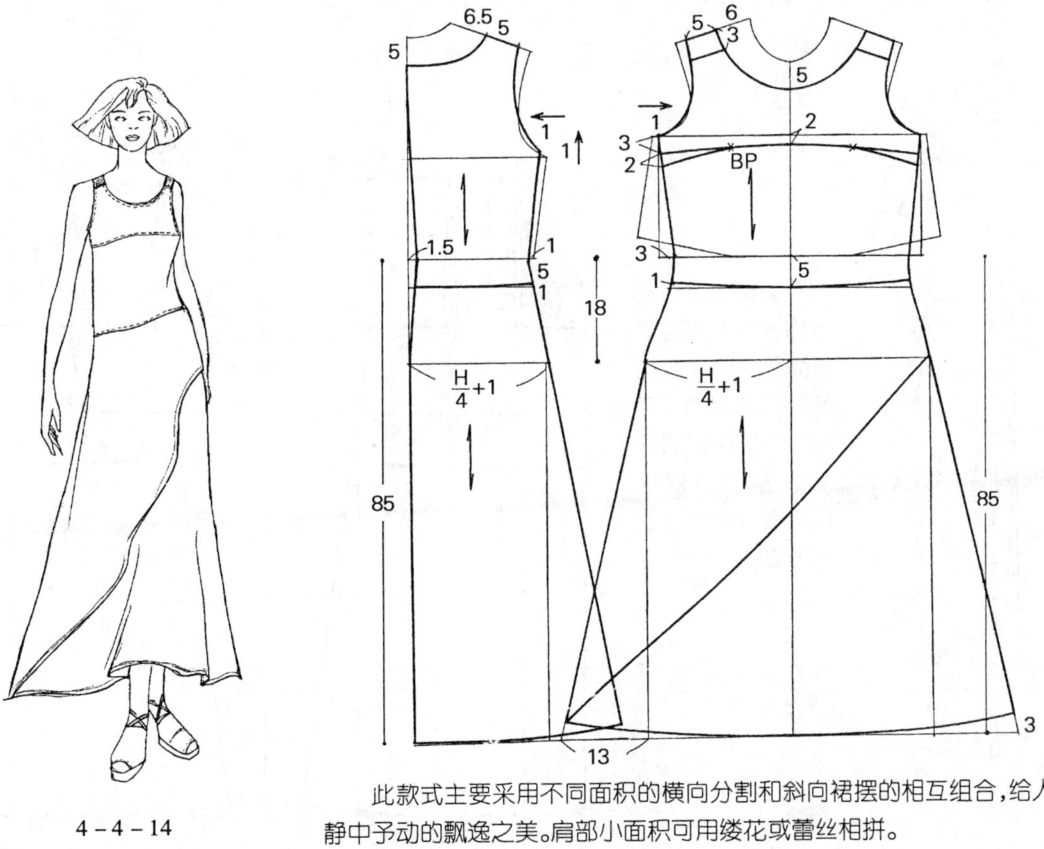

4－4－14

此款式主要采用不同面积的横向分割和斜向裙摆的相互组合，给人以静中予动的飘逸之美。肩部小面积可用缕花或蕾丝相拼。

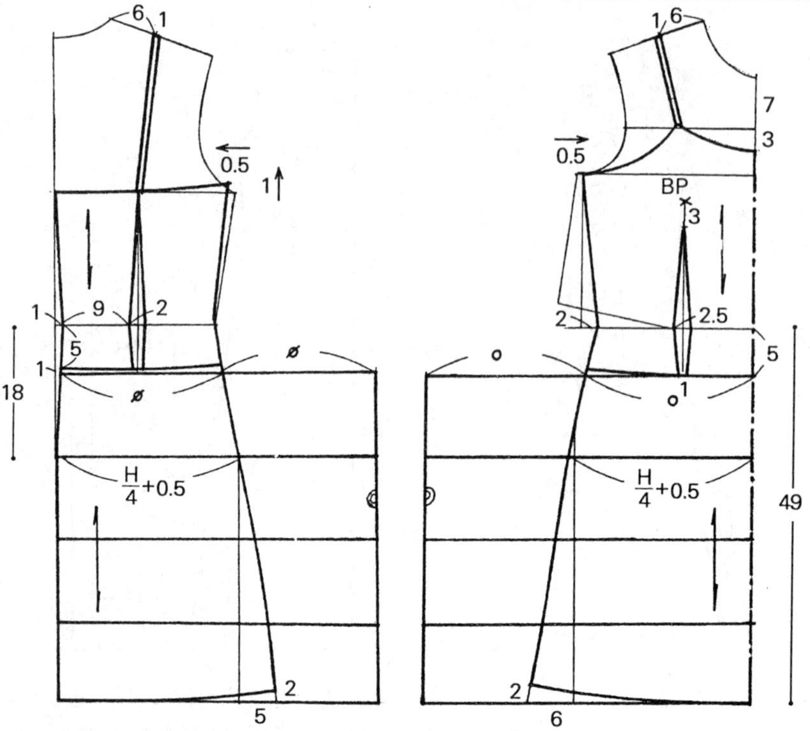

4－4－15

此款式上部用吊带裙，下部采用多层百褶（抽褶）短裙，上筒下繁、形成浪漫、奔放的风格。

此款式具有礼服的设计风格。裙装胸部上弧曲线用荷叶边作装饰，下部裙子采用双层抽褶裙摆，整件服装具有黄金分割法的审美意念。

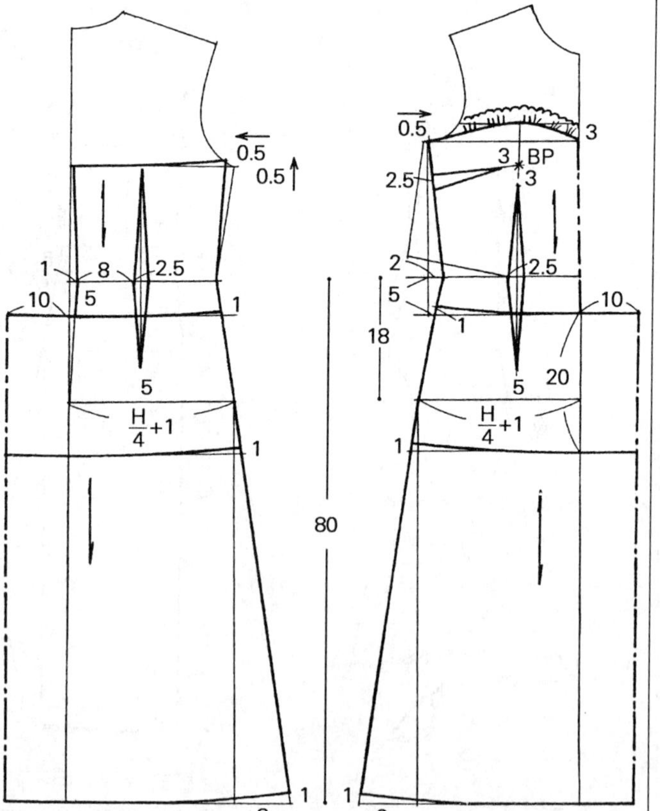

4－4－16

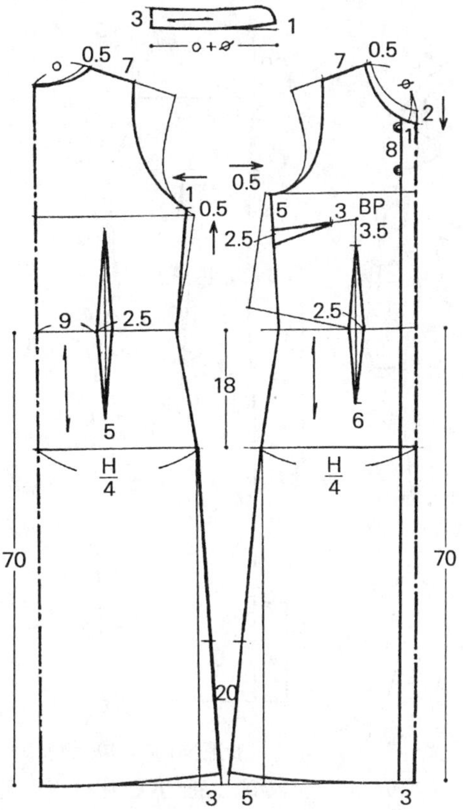

此款式的特点是以不同的面料进行搭配和门襟开口线的偏移，贴身的传统旗袍款式配以开叉，充分显示了女性的线条美。

4－4－17

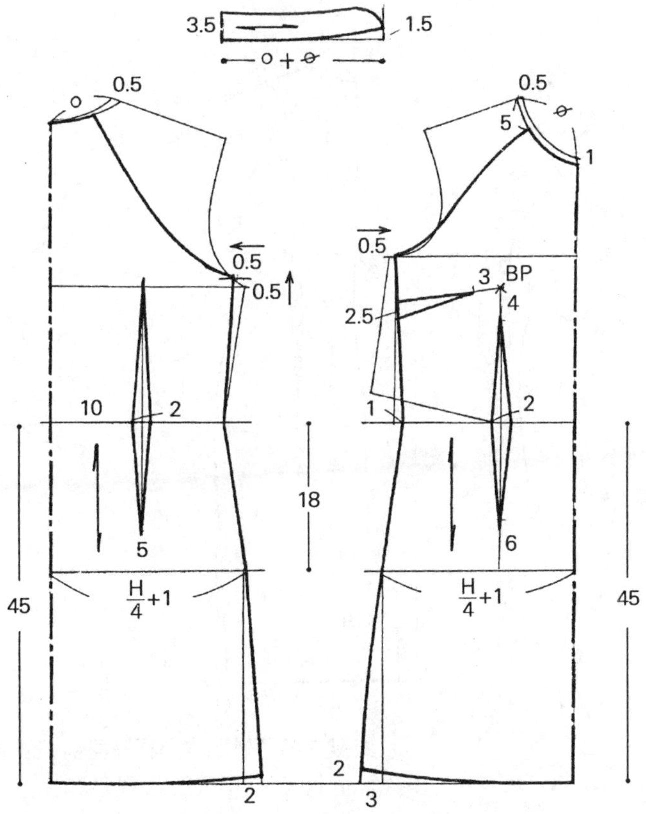

此款式造型以露肩、细腰、收臀、超短为主要特征。用现代时尚表现手法，将东方丝绸的魅力体现到了极致。材料宜选用有丝绸光泽的黑丝绒或织锦软缎。

4－4－18

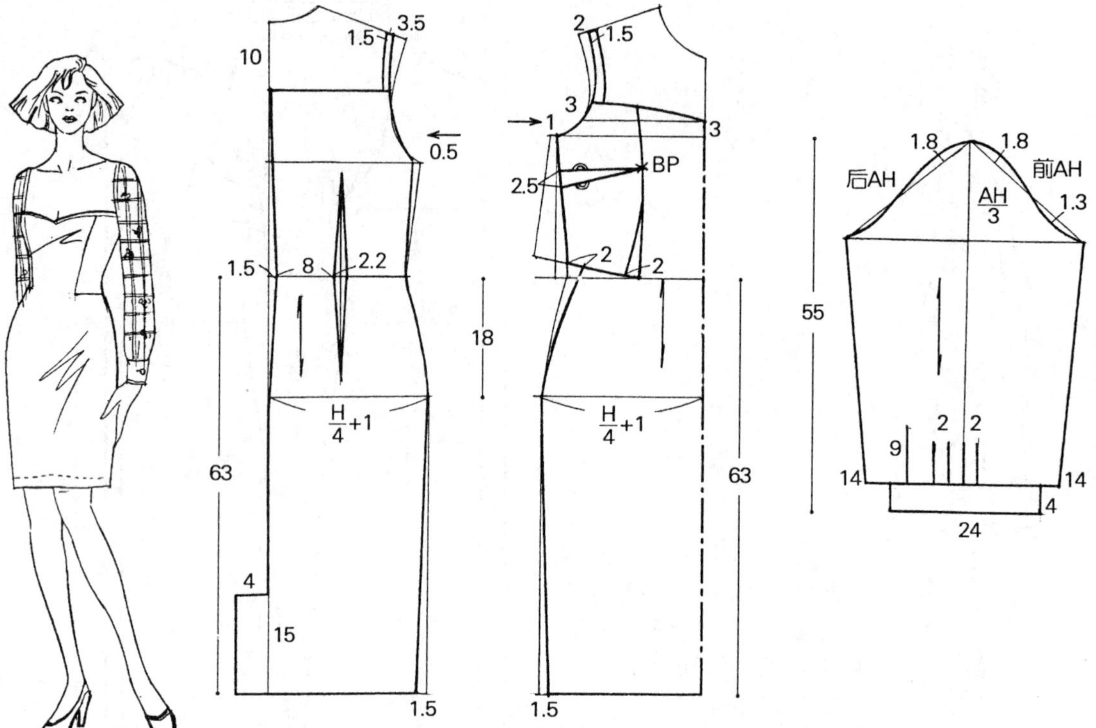

4－4－19

此款前领口为低胸，后领口为露背，袖子是异质格子面料作变化，因衣袖窿上端较窄，上袖后可用松紧带处理，材料宜选用有弹性的针织面料。

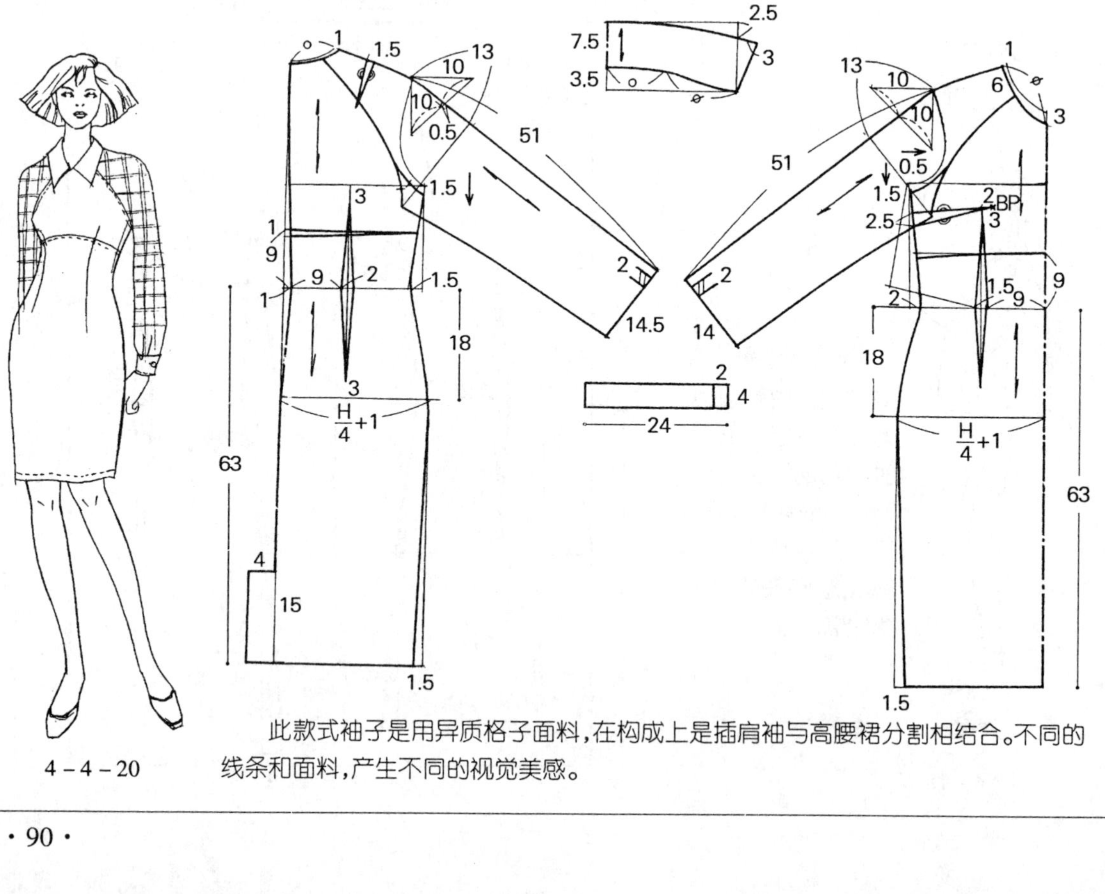

4－4－20

此款式袖子是用异质格子面料，在构成上是插肩袖与高腰裙分割相结合。不同的线条和面料，产生不同的视觉美感。

此款式主要是以“件料”图案印花的设计，在构成上以低腰“V”字领、偏门襟，用细串带扎结固定，衣门襟上的(腰部)曲线折裥可根据制图标线切开后展开获得。

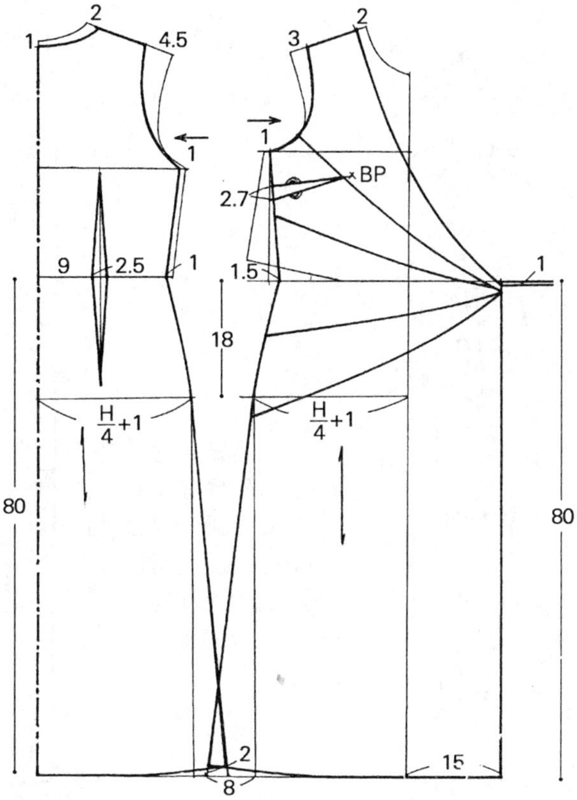

4－4－21

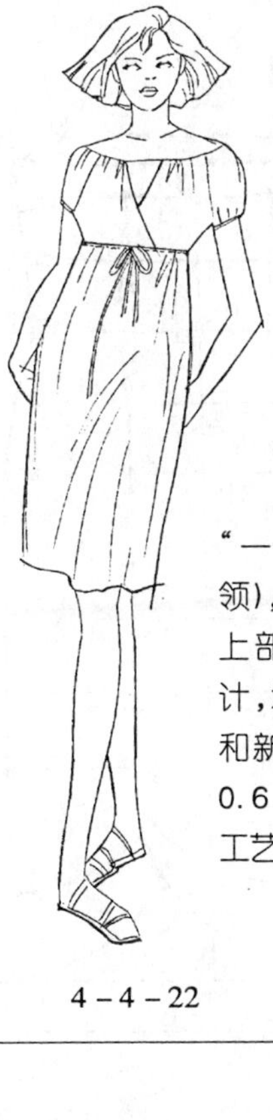

此款为较大的“一字形领”(船形领)，在高腰节的分割上部以V形露胸设计，增添了几分柔情和新意。在领圈边用0.6～0.8 cm滚边的工艺处理。

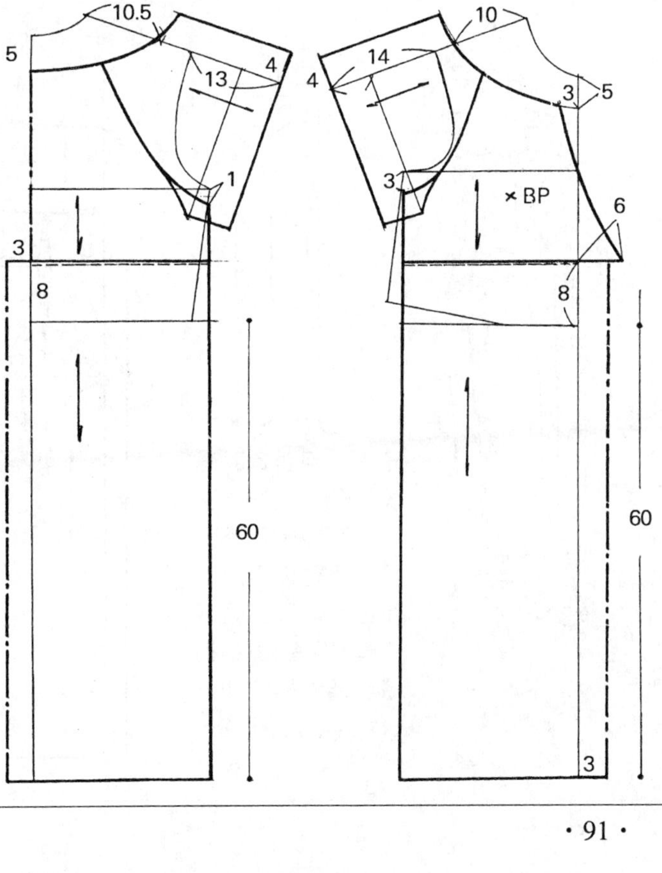

4－4－22

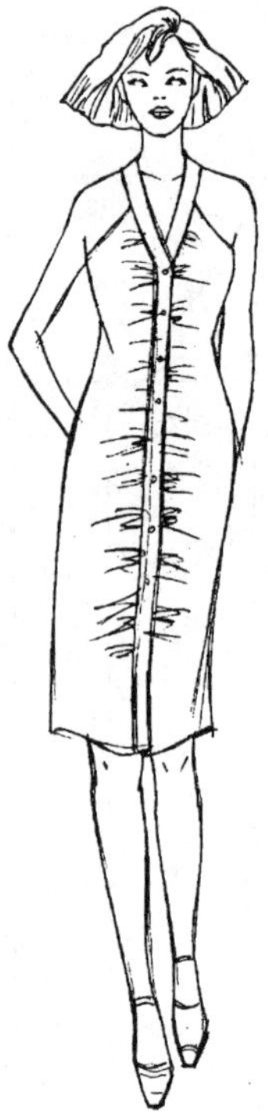

4－4－23

此款是贴身短晚装。线条简洁而富于变化，前门襟抽褶是当今国际流行的设计，材料宜选用黑色有弹性的面料，会使你秀丽的身姿更加动人。

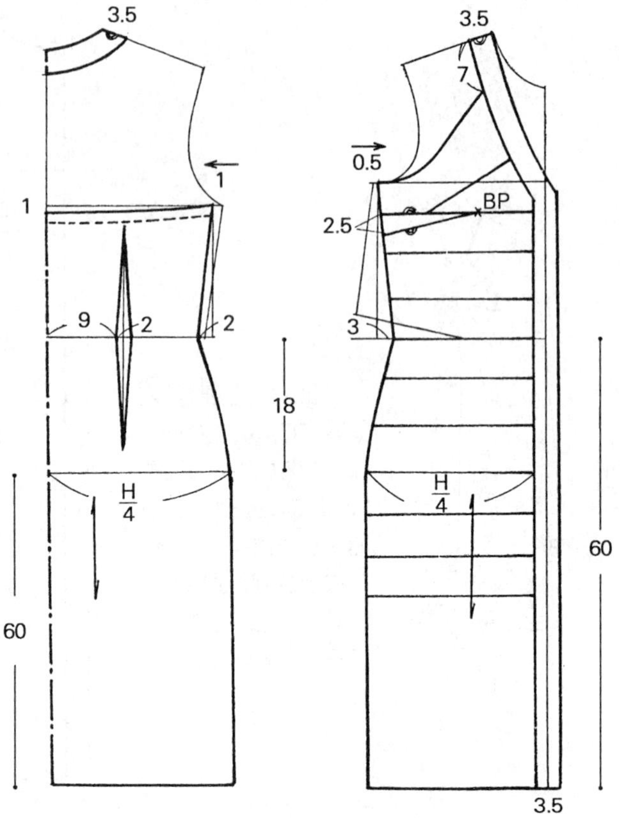

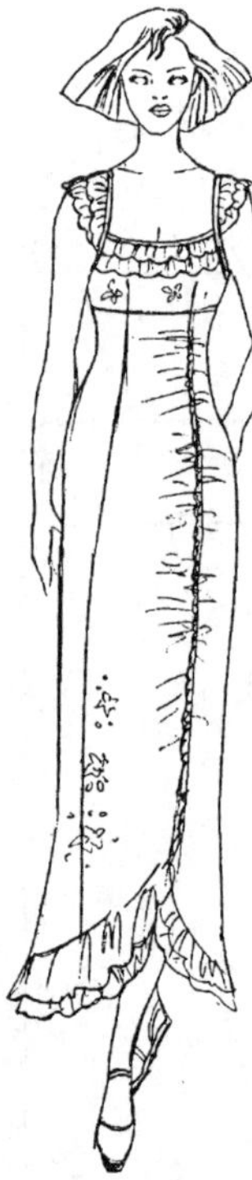

4－4－24

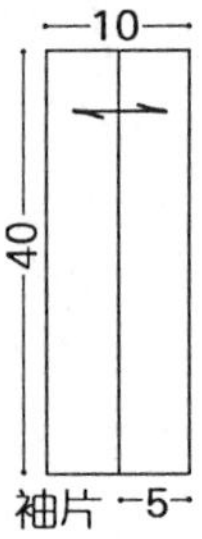

此款式将多层荷叶边与西方时尚线条相结合，前裙左侧分割线抽褶，不仅打破了对称平静的结构又增添了服装的丰富与变化（抽褶量可通过横向切开展开获得）。

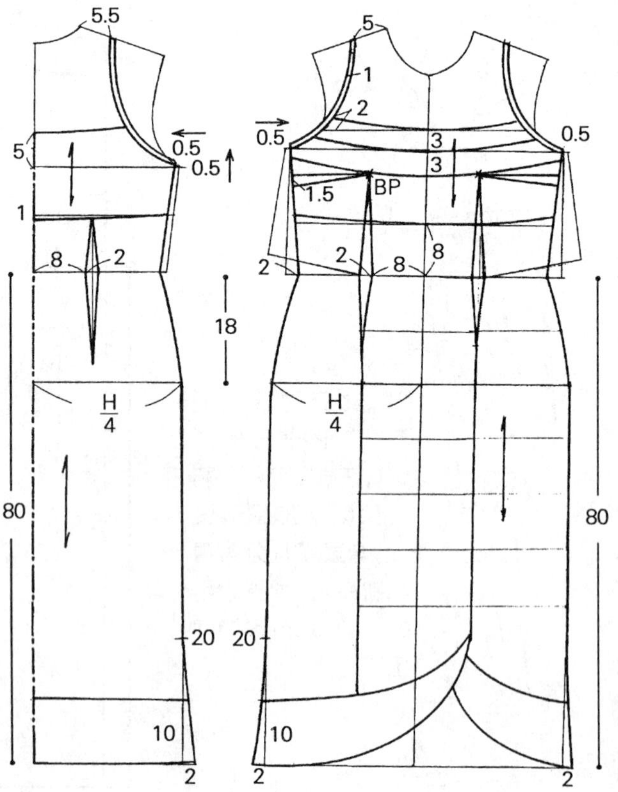

此款式以斜线与曲线构成，富于变化的线形，形成线面对比，上衣可采用有弹性的软纱类织物，裙子可采用具有肌理感的多层乔其纱或化纤面料。

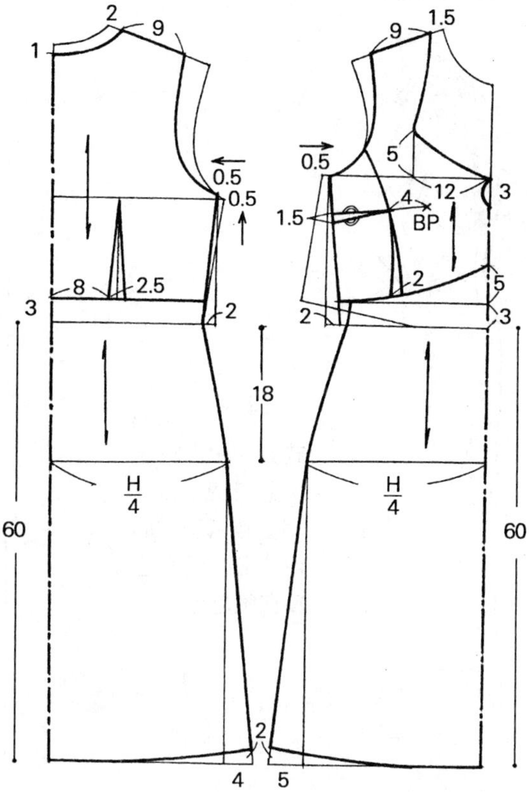

4－4－25

此款式可分为上、中、下三部分不同面料，面积的设计，上部以V字形领圈的边与胸部的皱褶，尽情地渲染了女性的妩媚、性感，中部以细腰与下A字形裙摆加以荷叶边的处理，显出一种青春无羁风格。

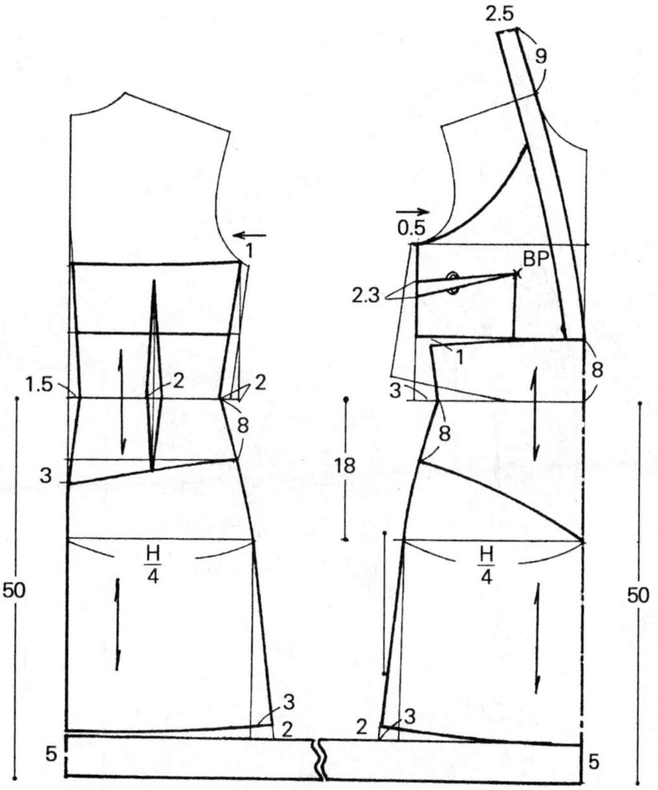

4－4－26

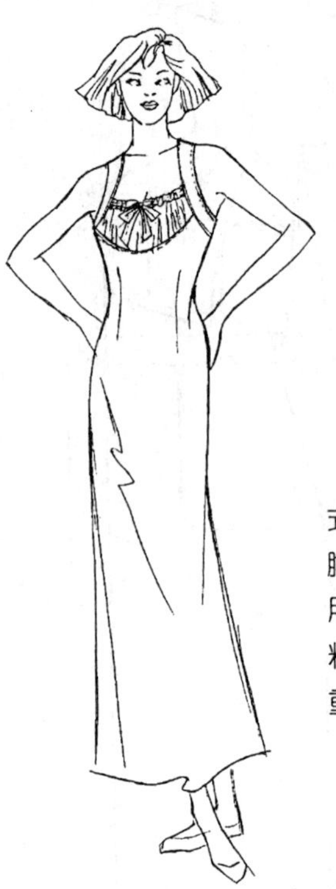

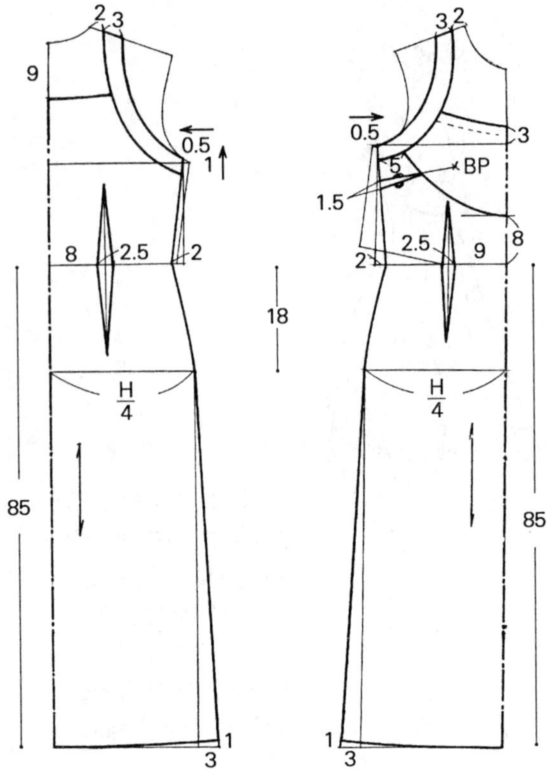

此款是旗袍式露肩礼服、前胸曲线的分割可用蕾丝或花边面料拼接，具有庄重典雅之感。

4－4－27

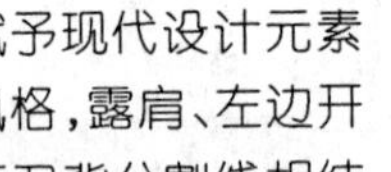

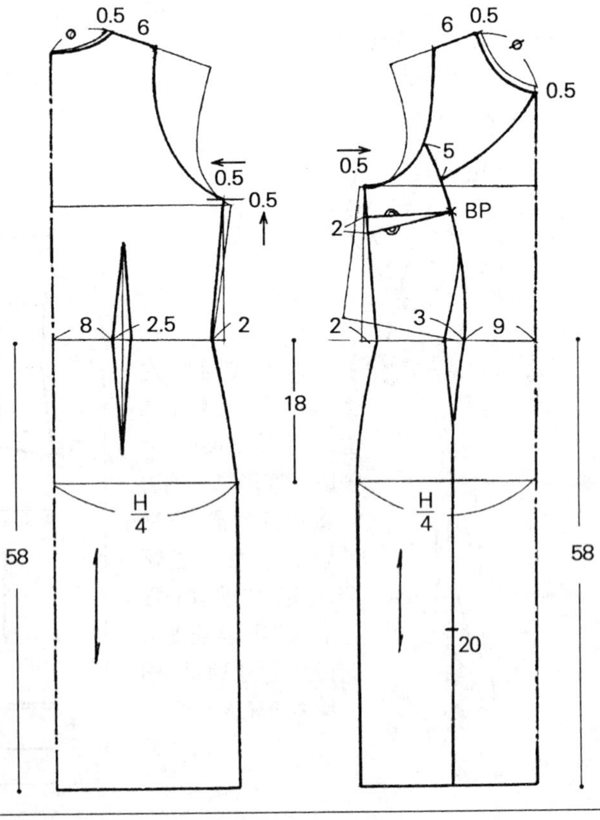

此款式是传统旗袍赋予现代设计元素的风格，露肩、左边开襟与刀背分割线相结合，线条流畅而别致。裙摆处可开一小衩。

4－4－28

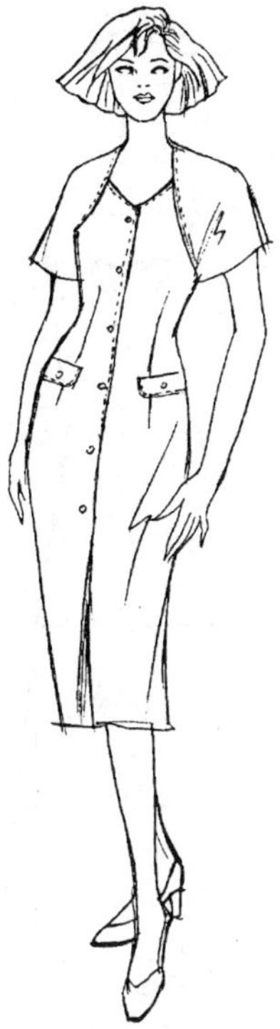

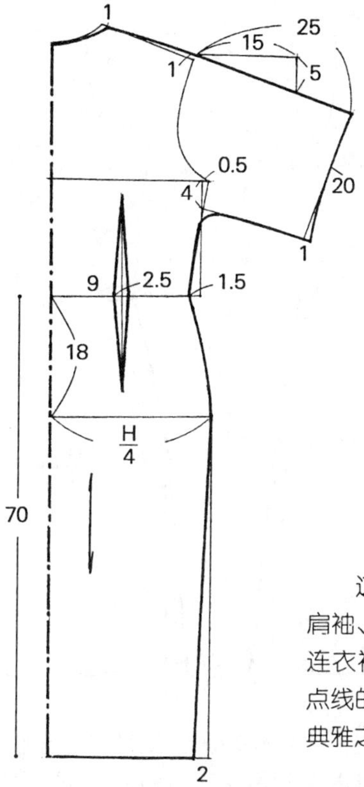

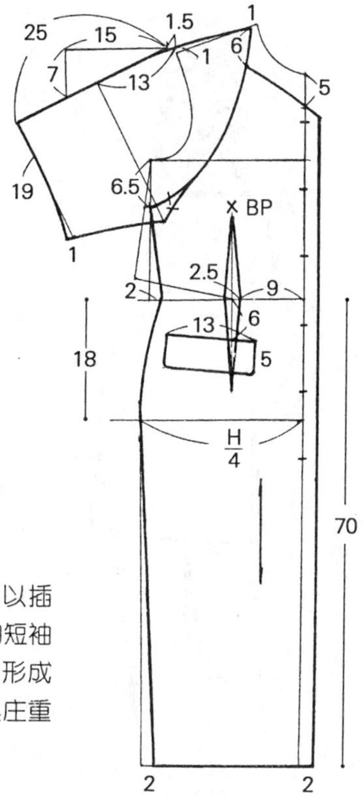

这是一件前片以插肩袖、后片为连袖的短袖连衣裙，前中开口，形成点线的视觉感，极具庄重典雅之感。

4－4－29

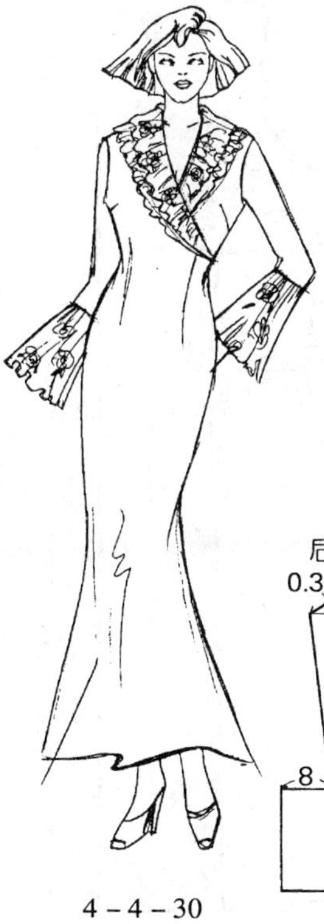

此款式领子采用双层荷叶边与袖口边喇叭形袖口相呼应。力求人体美与服饰美的统一。宜采用垂性较好的面料。

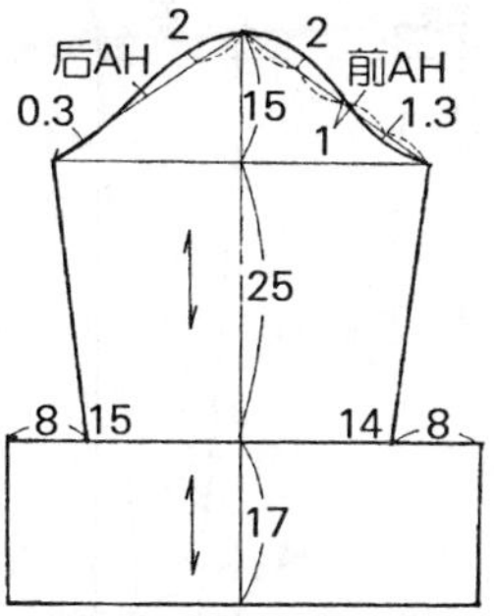

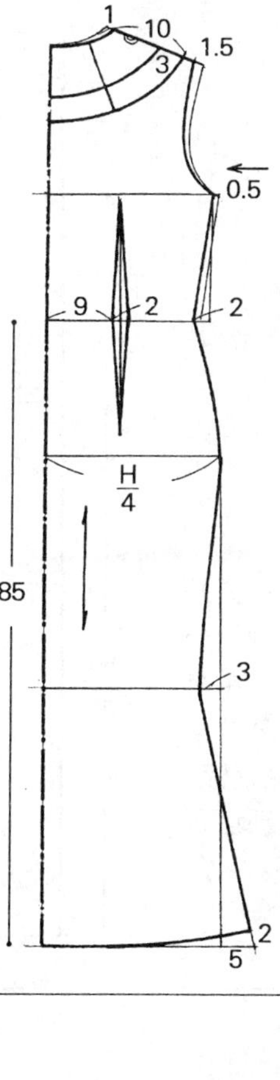

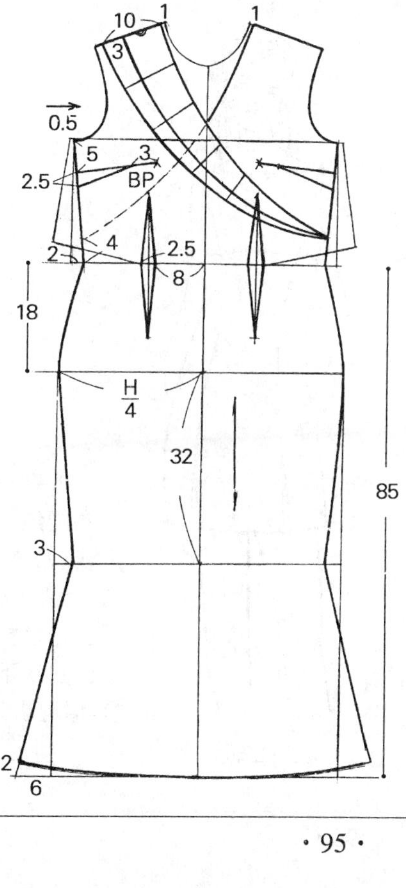

4－4－30

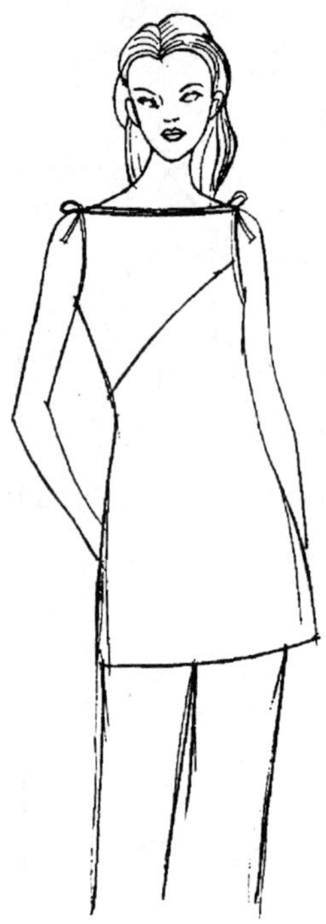

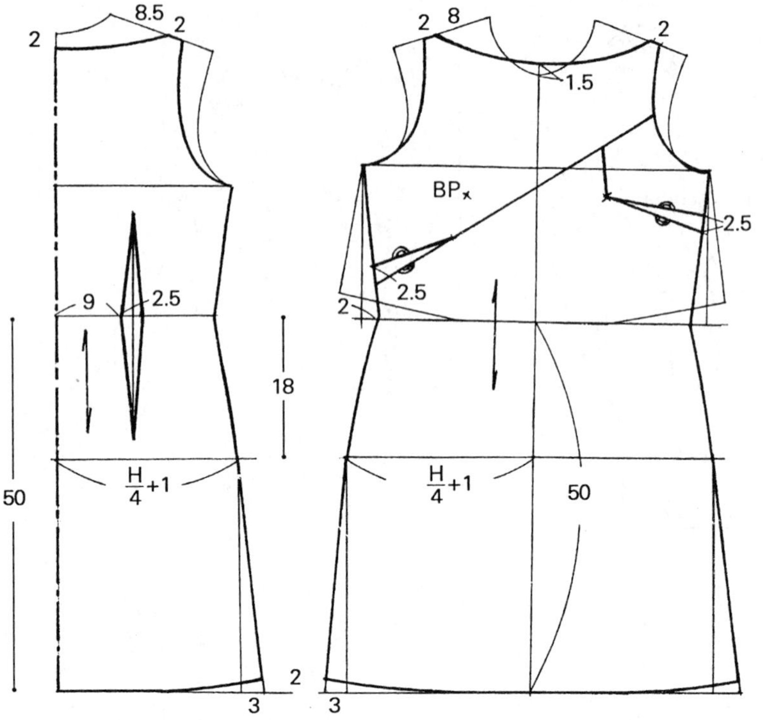

4－4－31

此款式是在一字领型基础上，用系带打结加以固定衣片，前片同时采用斜线分割与省道的转移相结合，整件款式简洁而富有趣味性。

此款式主要采用高腰线分割与公主线（刀背缝）相结合，上部分割衣片可用盘花、绣花装饰，前公主线下部可开衩。增加动感。

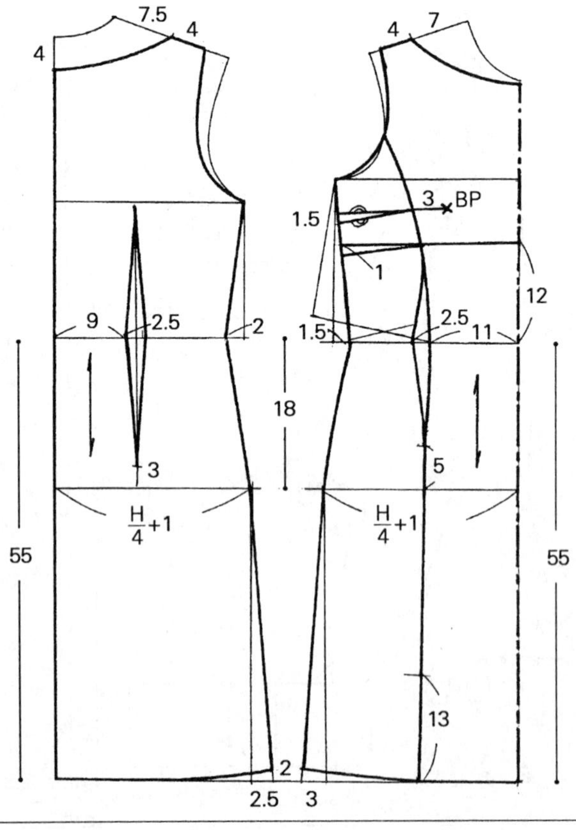

4－4－32

第五节　休闲上衣

休闲上衣。要想给休闲装下个定义，并非容易，从广意上讲它包括了日常类、家居类、旅游类、运动类等服装。简单讲："非正式场合的闲暇服装"。这类服装范围较为广泛，从结构上介于套装与时装之间，特点是注重适应日常生活的着装需要，强调舒适、实用、方便、随意的穿着因素，满足人们对休闲、放松心情及又有一定审美情趣的需要。在造型上轻便而简洁的线条与时尚的融洽。同时又要以整洁、年轻、朝气、轻便跃动，充满活力即其美观性、舒适性、功能性相统一。休闲上衣，可以自由搭配为前提自由组合，没有固定的格局。针织服装的广泛应用拓宽了休闲服装的范围与延伸。

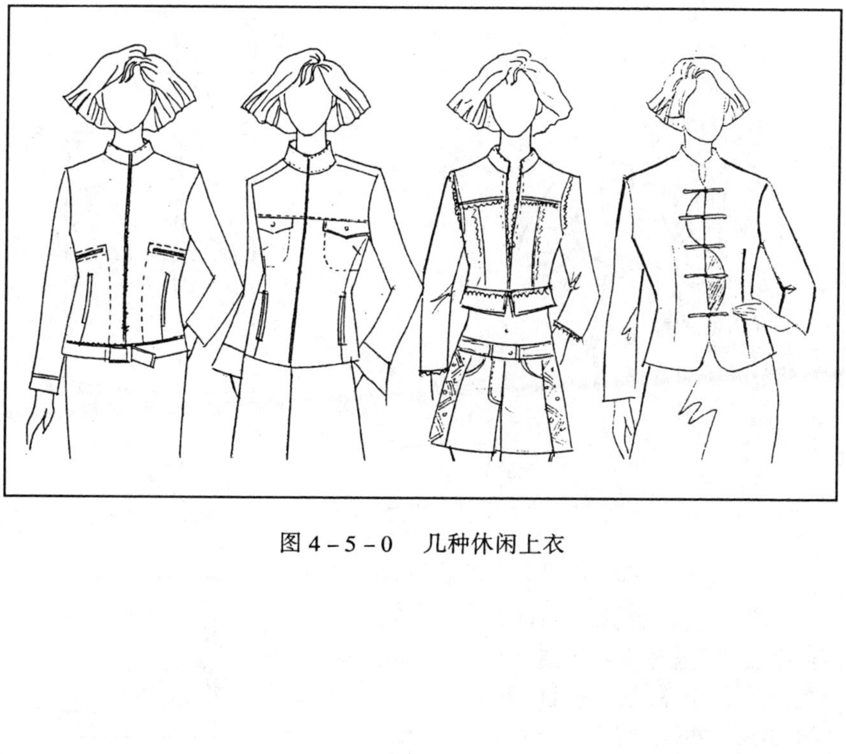

图 4－5－0　几种休闲上衣

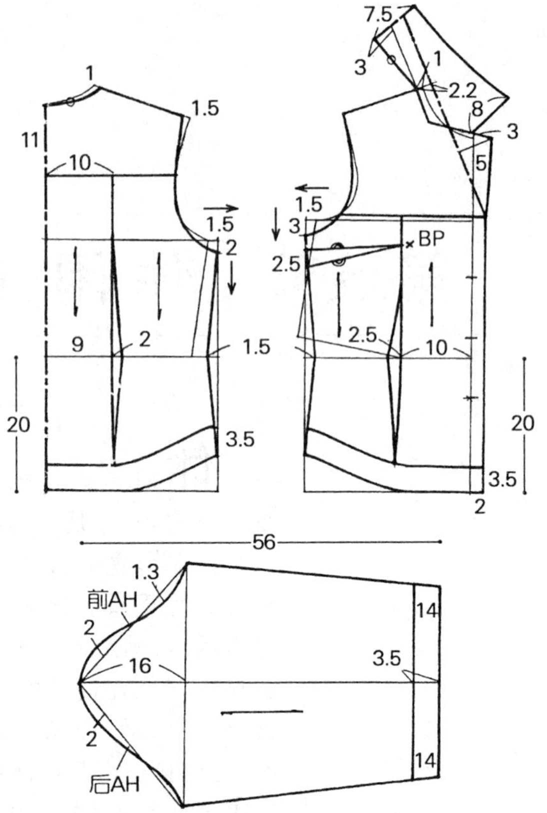

4－5－i

此款式采用育克与纵向分割相结合，下摆以相拼的形式，整件服装时尚而休闲，面料可采用牛仔布或合成革等。

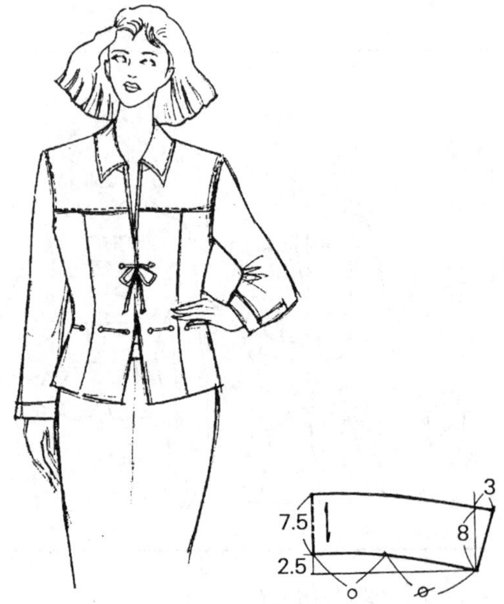

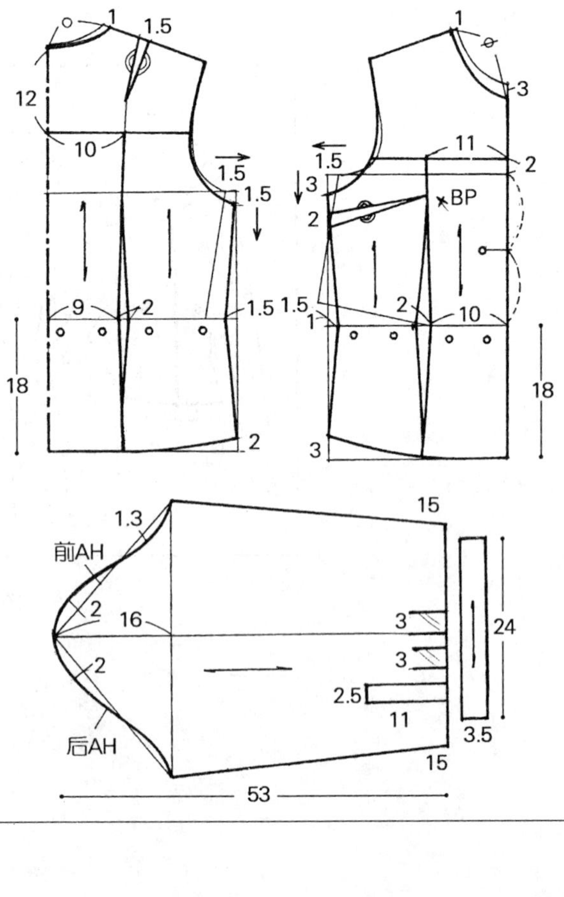

4－5－2

此款式的特点是前门襟中间与腰部用孔眼系带打结，因为无搭门，自然裂开，请注意里外面料颜色的搭配。

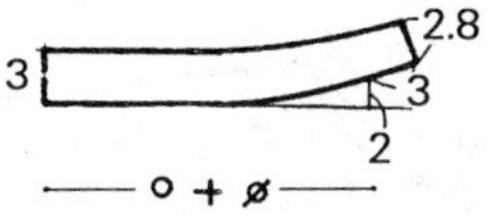

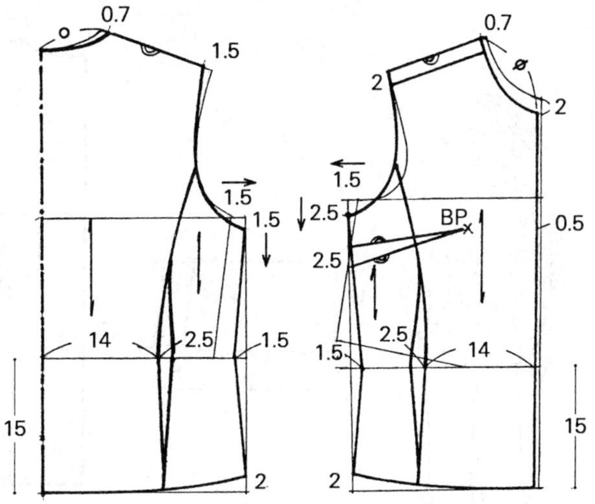

4－5－3

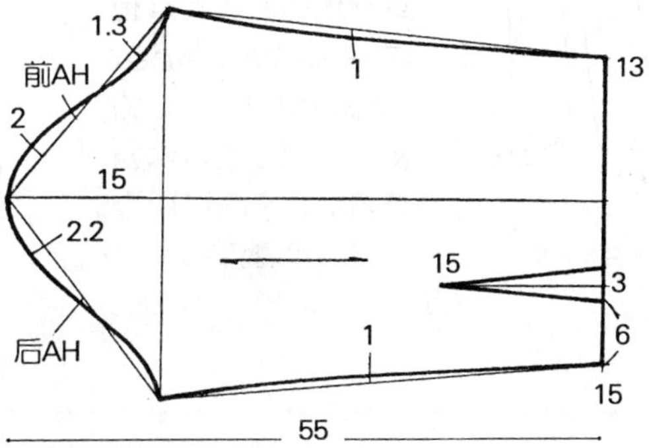

此款式前中为明拉链、缉明线、立领，在刀背缝分割线上有一小省，两边还可以开小衩，款式简洁大方，适合家居、休闲时穿着。

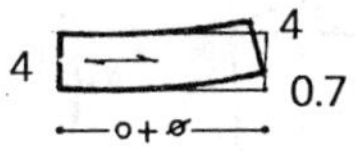

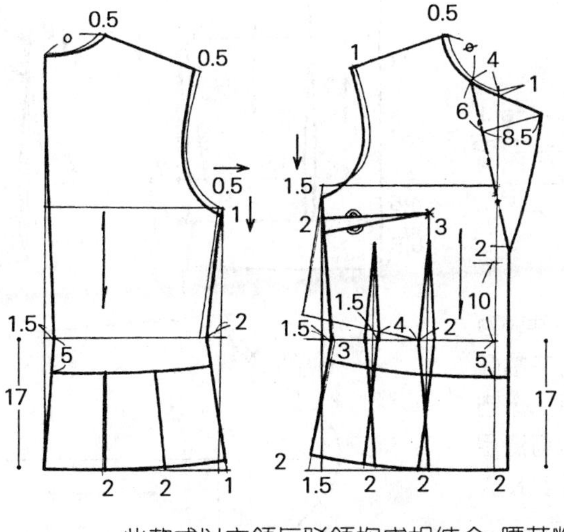

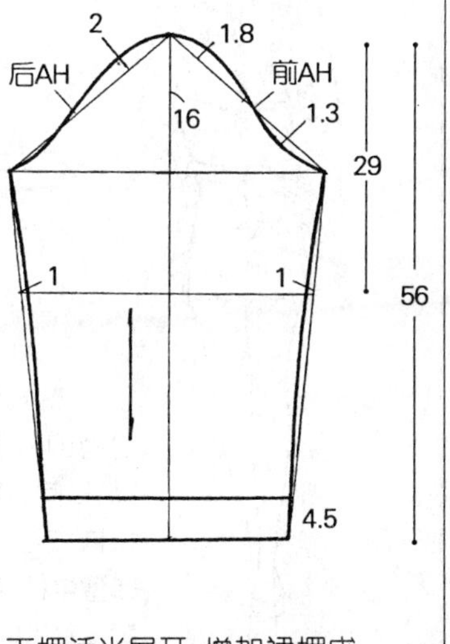

4－5－4

此款式以立领与驳领构成相结合，腰节断开，下摆适当展开，增加裙摆成波浪，裁剪时请注意腰围贴体程度。

4－5－5

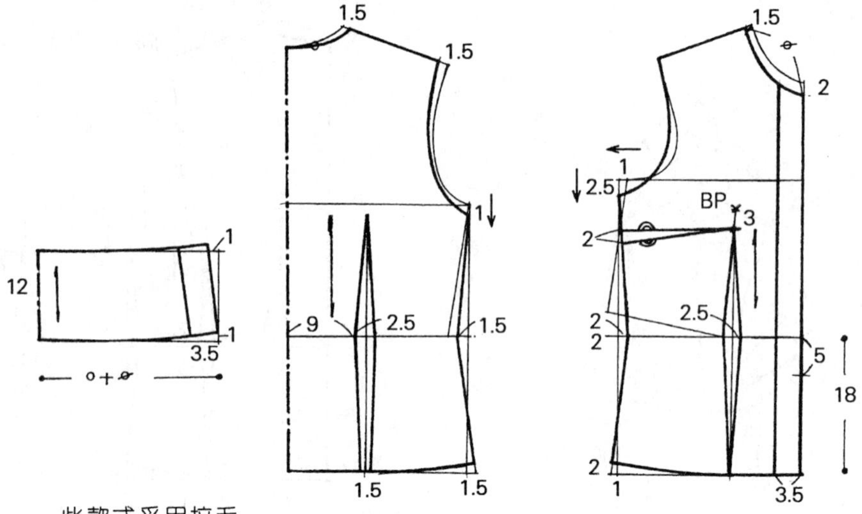

此款式采用拉毛或针织面料与皮革相结合，前中装明拉链，两边各拼 3.5 cm 的皮革与领子前两端相连接，领子既可以竖起，又可以翻下。

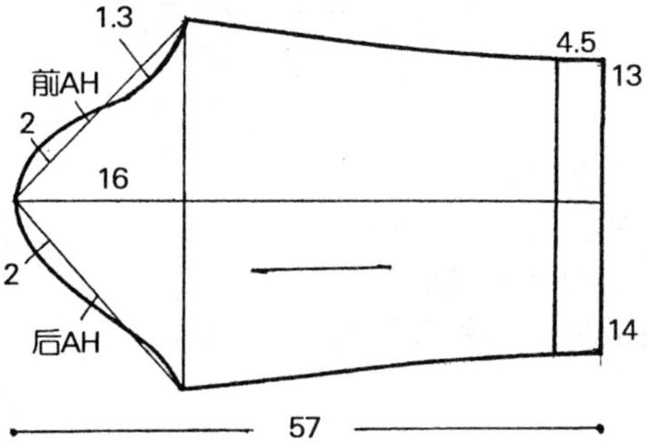

4－5－6

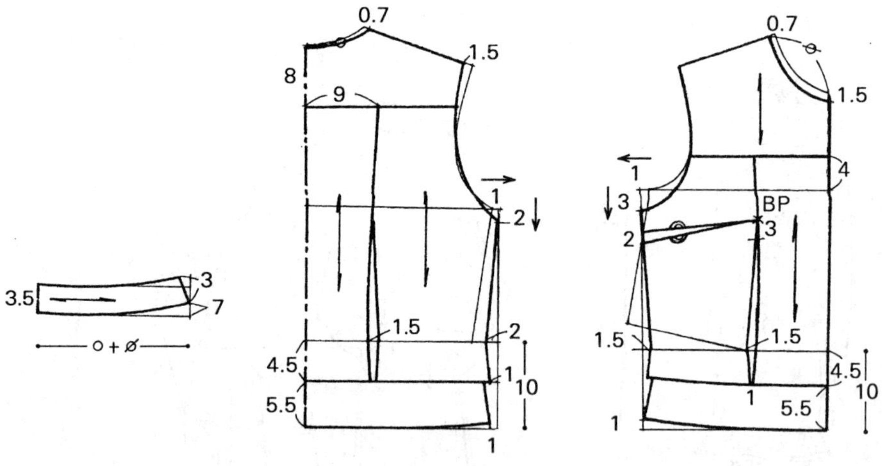

此款式是一件较为时尚的露脐装，在袖窿纵、横向分割线中，分别拼嵌皮毛，面料可选用薄型牛仔布或桃绒皮之类，既活泼又时尚。

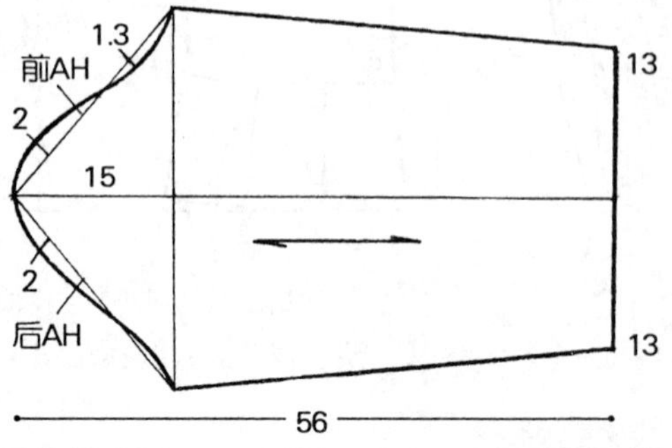

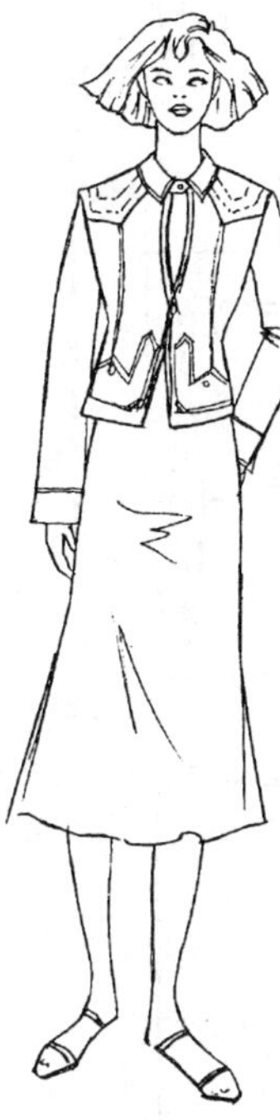

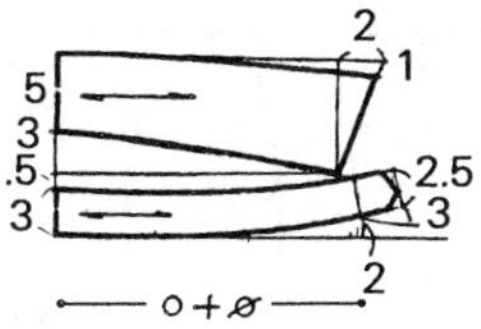

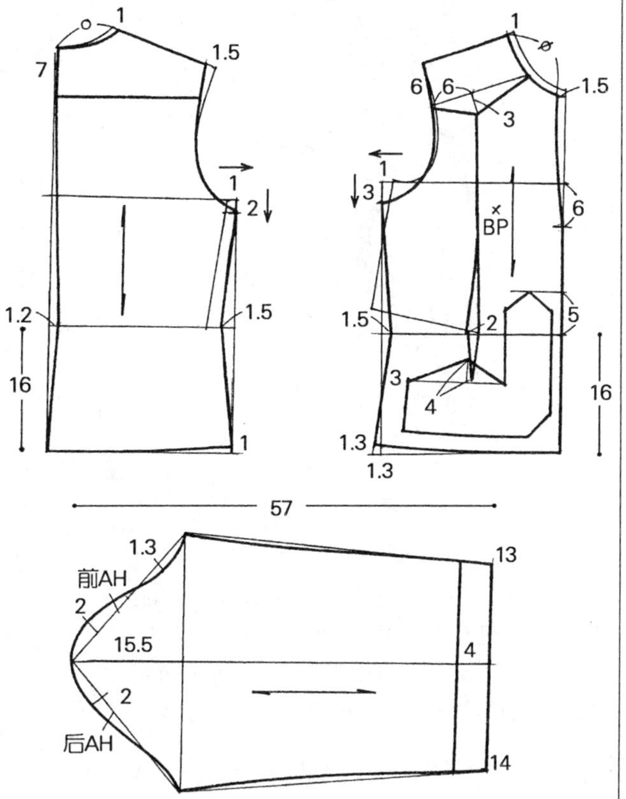

此款式肩部育克采用纺缝或缉明线装饰，门襟下部用拉链，上部自然分开，左右两贴袋可缉明线，材料可用皮革，素色桃皮绒等，使你充满自信。

4－5－7

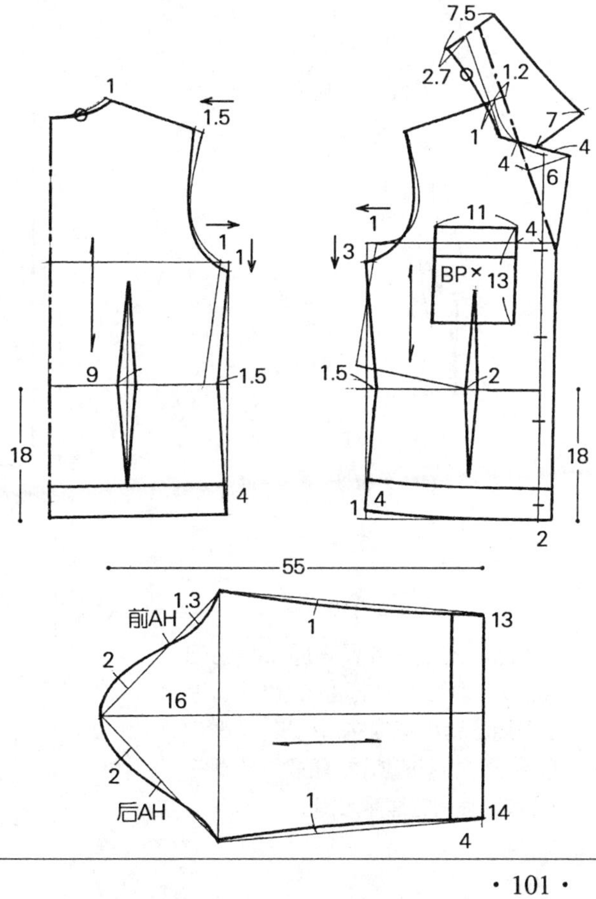

此款式是一件用黑色薄呢制成的休闲上衣，整件服装可以缉双线，更显精神与干练，同时具有职业装的风格。

4－5－8

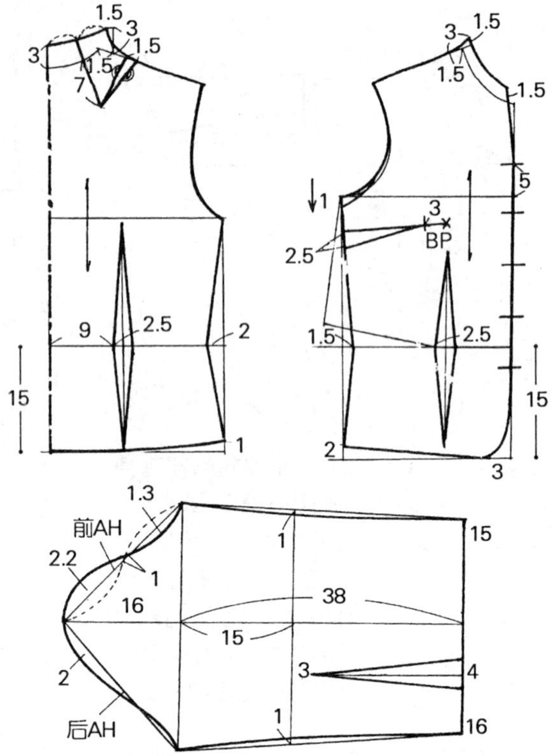

4－5－9

此款式是近年来比较流行的服装，具有唐装的风格，连立领，一字扣，前门襟采用不对称，半圆色布作为点缀，宜用黑色或深色具有光泽的绸缎面料，使你显得高贵华丽。

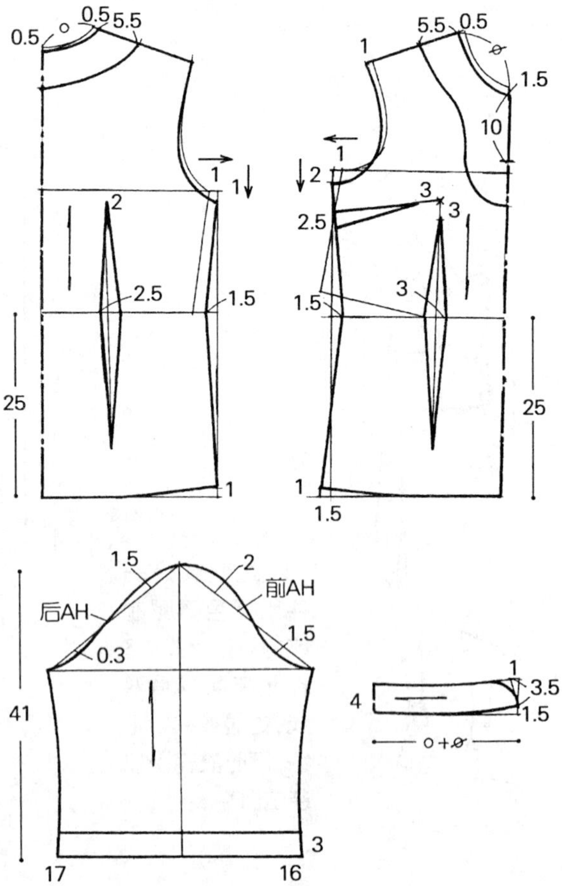

4－5－10

此款式是一件具有民族特色的服装，衣领部相拼成曲线分割块，袖口可用印有小花的棉布相拼，但需注意与整件面料的协调，随意而新潮的设计，是假日的理想选择。

4－5－11

此款式是具有民族特色的居家休闲服装，合体的胸腰尺寸与曲线形下摆，雅致中透晰出女性的温柔，材料宜采用深蓝印花布或全棉高支印花棉布。

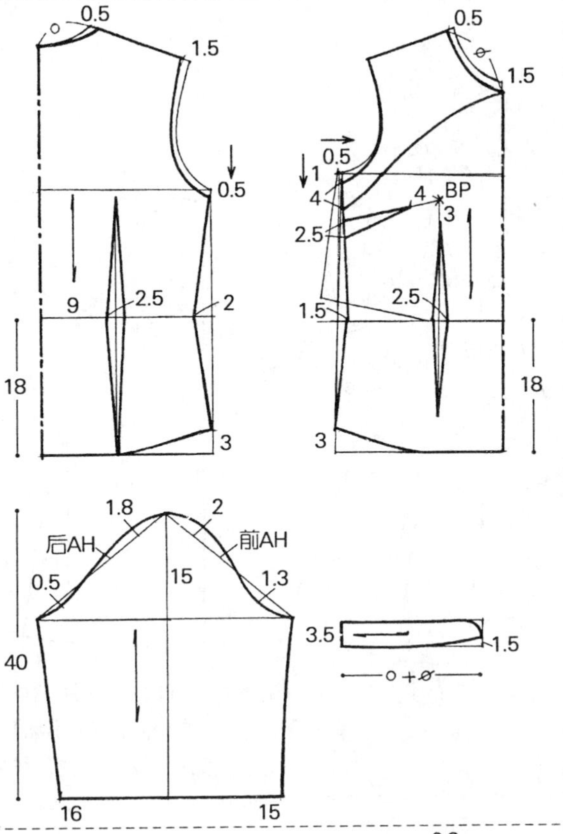

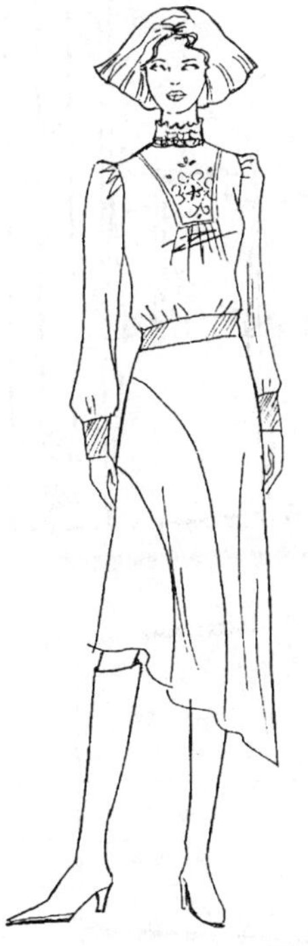

这是一件采用针织面料设计的款式，袖子为泡泡袖，立领、通过省道转移将腋下省移至肩部分割线之中，前胸中的抽褶增加了服装的层次感和舒适性，前胸上分割布可用蕾丝、抽丝绣、软纱类织物。

4－5－12

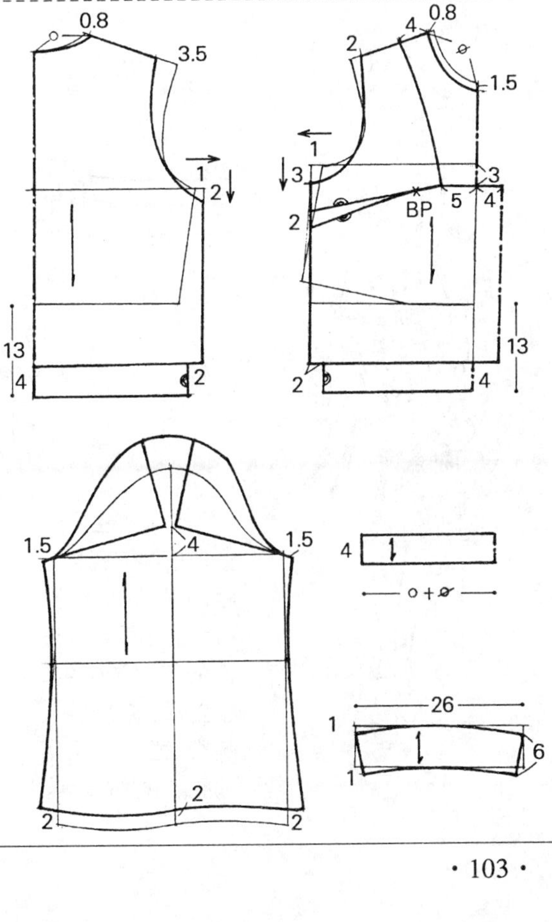

4－5－13

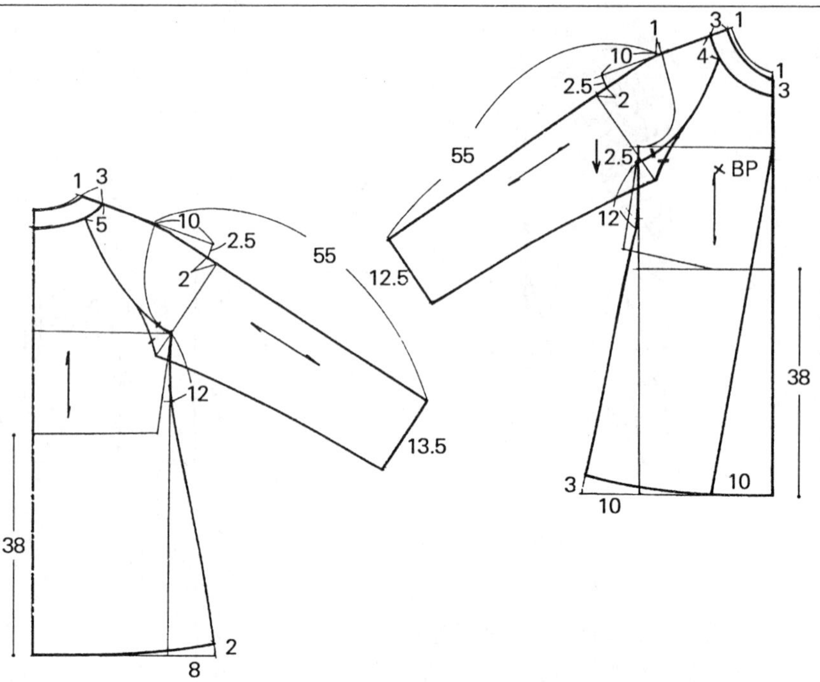

此款式采用两种面料组合的设计，插肩袖、前片衣身可用双层的形式，衣片外层贴边可用印花涤乔，袖片、衣片里层可用黑色针织面料或黑色雪纺，款式雅致可爱，颇具飘逸之感。

4－5－14

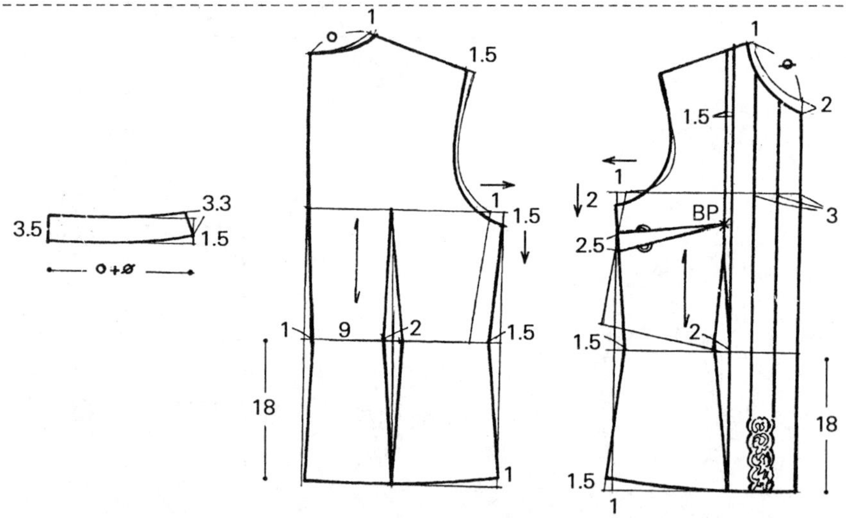

此款式主要设计是前中拉链和在距门襟 3 cm 处平行缉上与面料相适宜的花边为特色，小立领、款式新颖、美观，面料可采用仿麂皮、桃绒皮等。

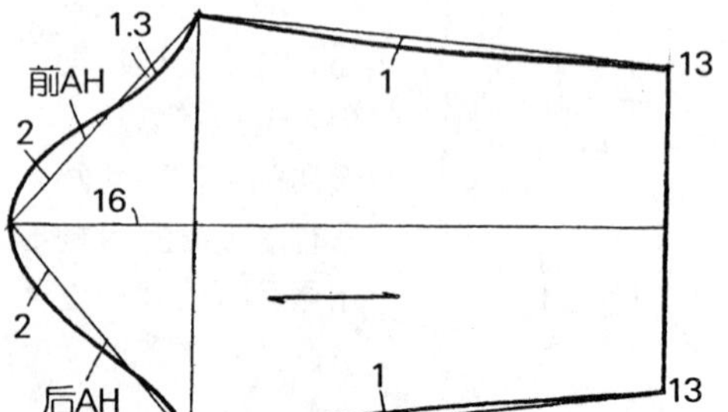

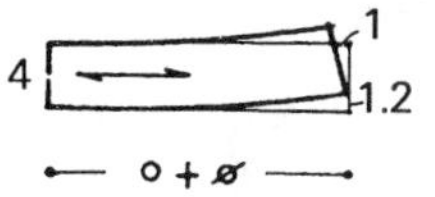

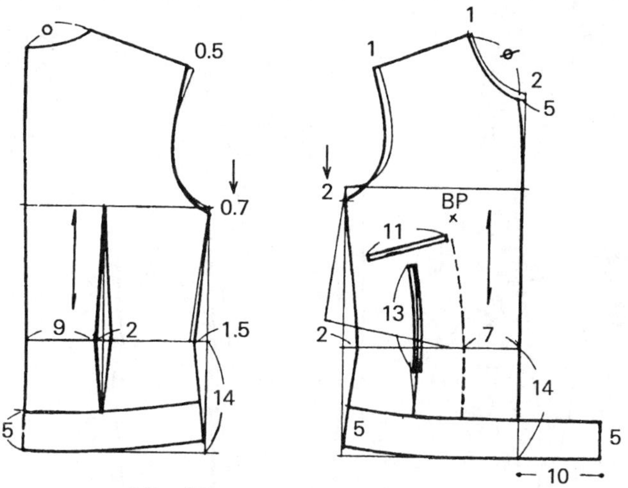

这是一件合体型的休闲装。立领、前中拉链，前衣片左右对称明拉链挖袋、省缝间的嵌线袋以及下摆脱卸式、腰克夫间的拉链形成了此服装的主要特色，材料可用仿麂皮、皮革类面料为佳。

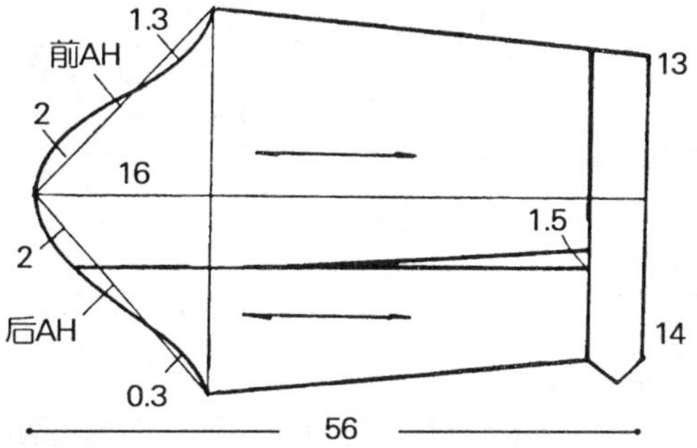

4－5－15

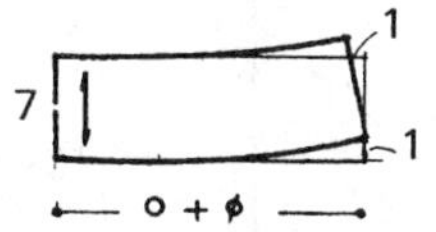

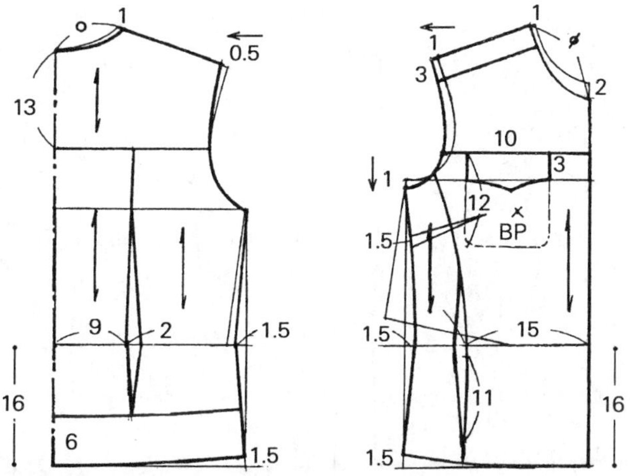

这是一件以拉链、贴挖袋为特色的休闲女上装。在构成上采用横向与刀背缝曲线的结合，使服装显得更为合体与精神，袖子采用喇叭形造型，注意前片覆肩与后片覆肩纸样连接后再裁剪。

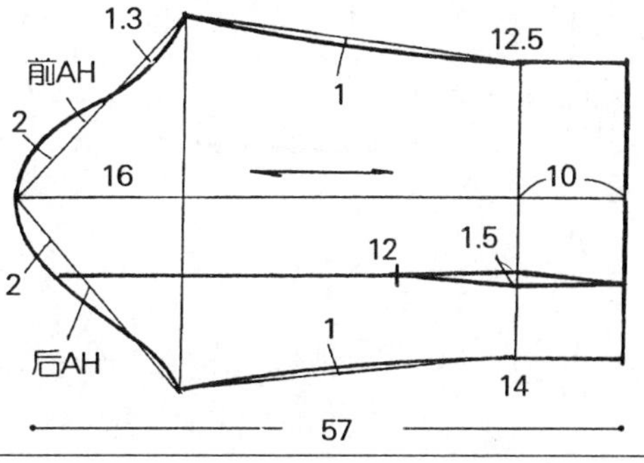

4－5－16

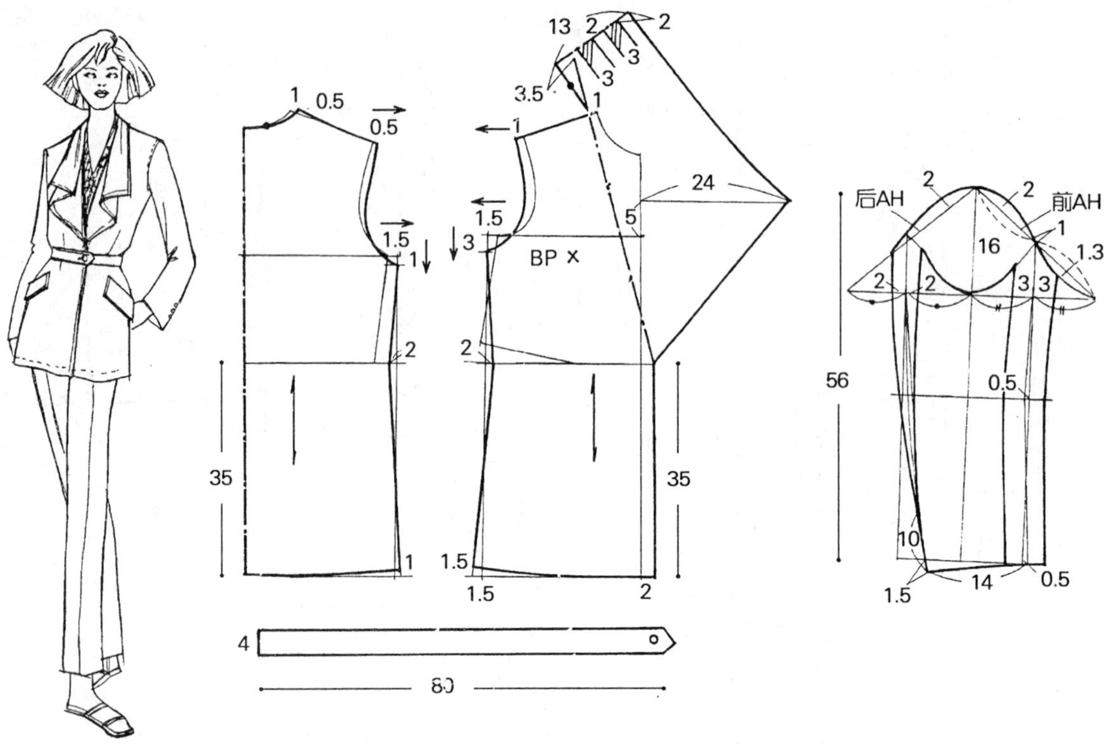

4－5－17　　此款式的特点是领子的造型变化形成动感，衣身相对宽松、直身，可作为外套穿着。

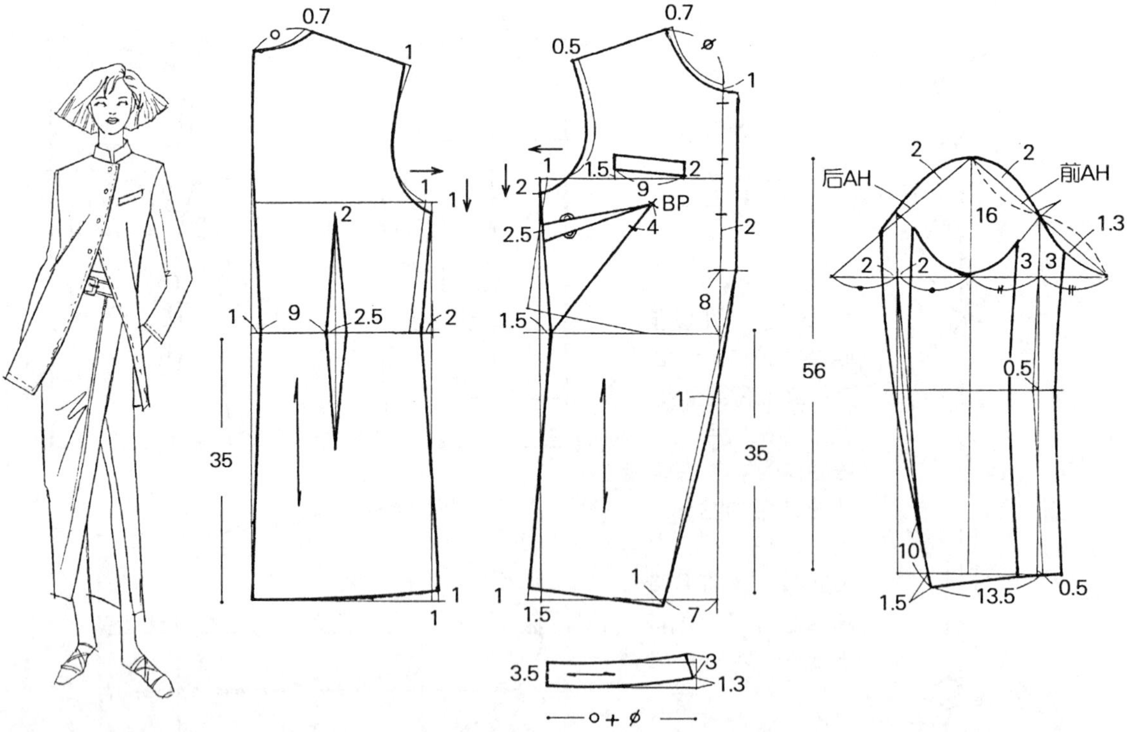

4－5－18　　此款式设计灵感来源于燕尾服造型，小立领、斜向腰胸省，前片门襟由垂线趋向斜线，展现出裙子的风采，手巾袋倾斜增添了其趣味性。

4－5－19

此款式为枪驳领，双排扣用腰带加以固定，明拉链口袋，注意腰带扣与衣料的协调。

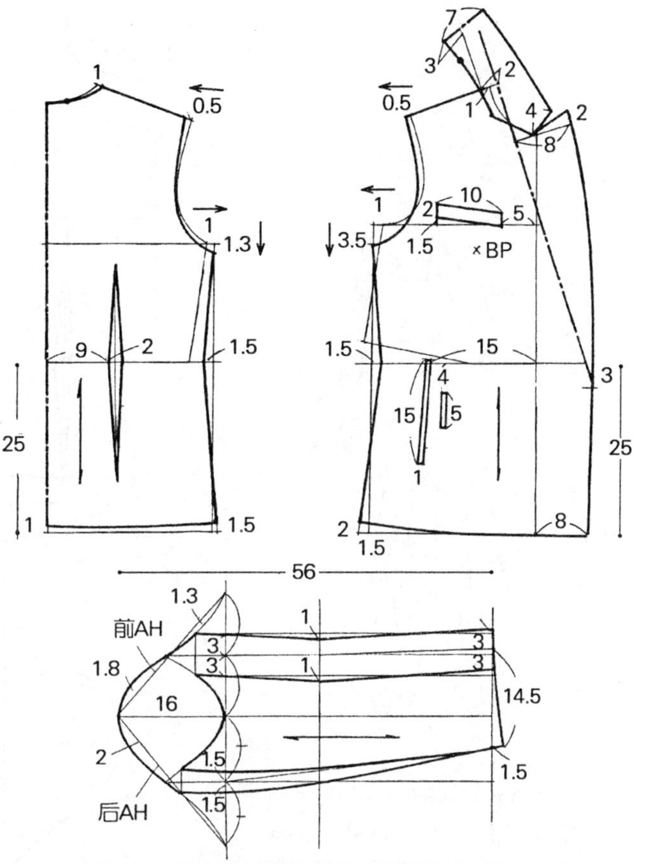

4－5－20

此款式采用不对称设计，构成以合体为佳，领子可以单层，然后用本色线密拷，面料可采用针织类面料。

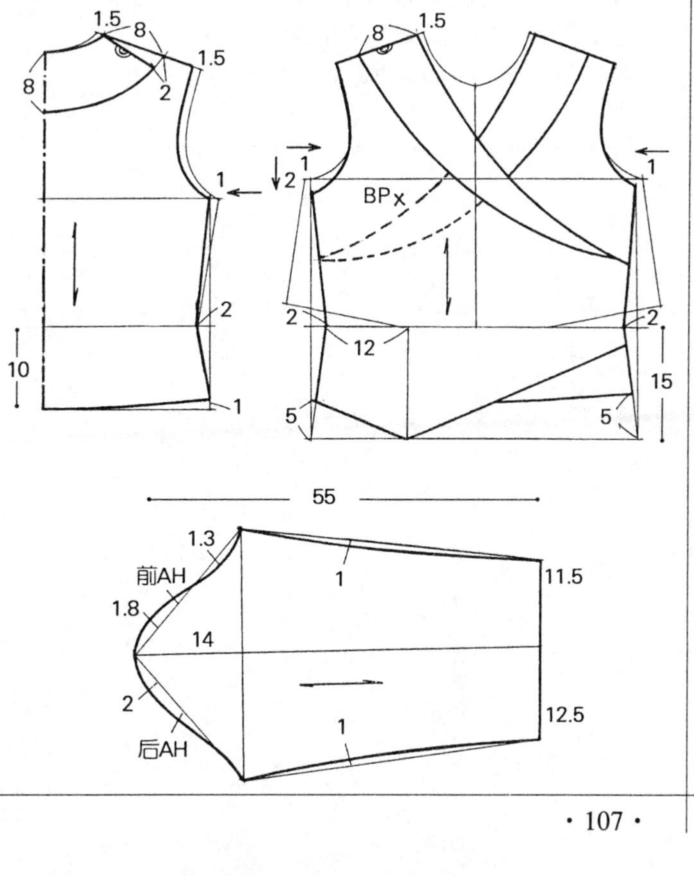

此款式通过曲线的重复分割与斜弧线的交叉，形成强烈的线面对比，精良、巧妙的面料选择与搭配，是服装的关键。前中系带蝴蝶结将人们视觉走的更近。

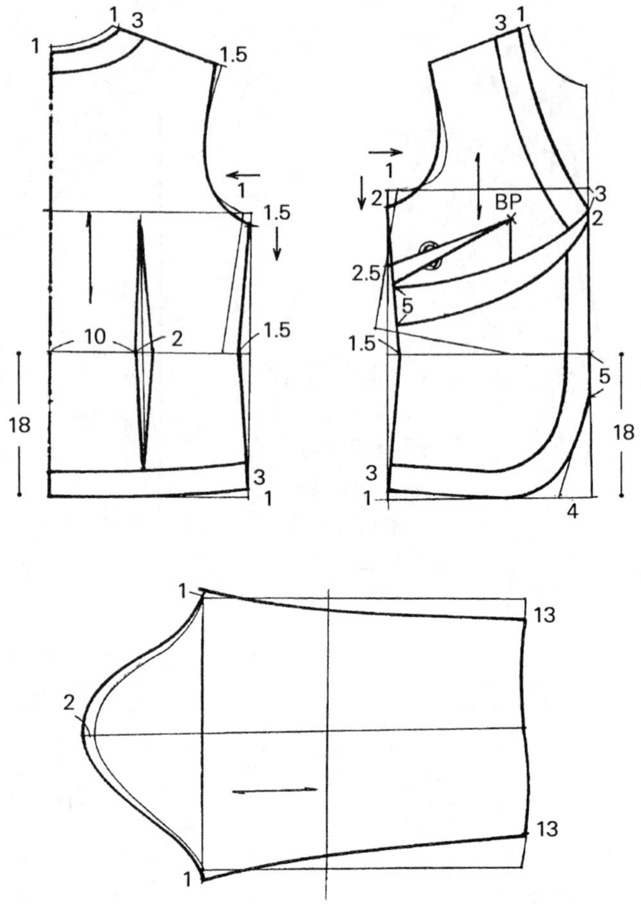

4－5－21

第六节　套　　装

套装。套装是女性服饰中变化最多、应用最广、表现最充分、着装时间跨度最大的服装。它以灵活多变的款式和深厚丰富的内涵，尽显端庄大方，窈窕妩媚，深受女士的青睐。由于女性的体形特点和审美观念的多元化，套装一般指挺括合体，做工考究，上衣与下装采用同一面料的两件套、三件套、组合套装的服装。习惯上，女套装按穿着场合、季节可分为礼服套装、职业套装、家常套装、运动套装、休闲套装、时装套装、春秋套装等，其面料可根据季节、色彩、花形款式选择高档或中高档毛料或新颖的麻、棉、丝、针织、纺织品等制作。

图 4－6－0　几种套装

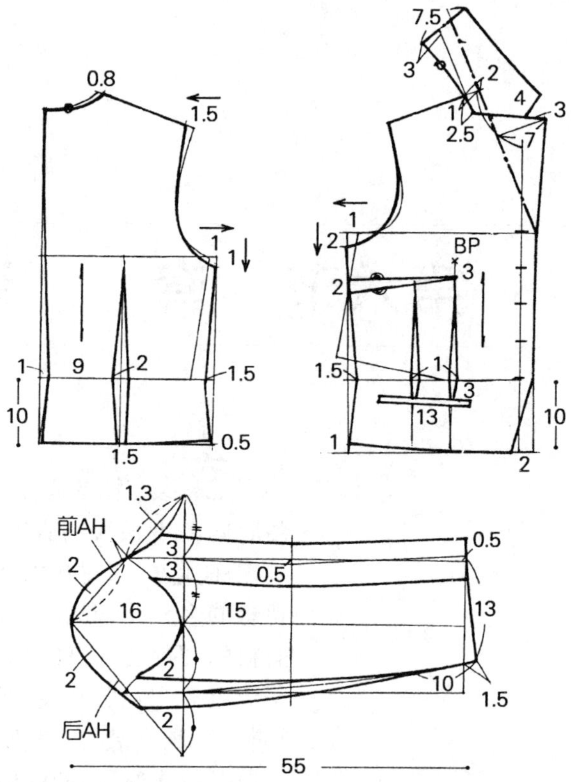

4－6－1

此款式为合体型短套装上衣，平驳领，领子较上升，口袋偏低，两只平行腰胸省使上衣更为合体切腰，注意腋下省的转移。

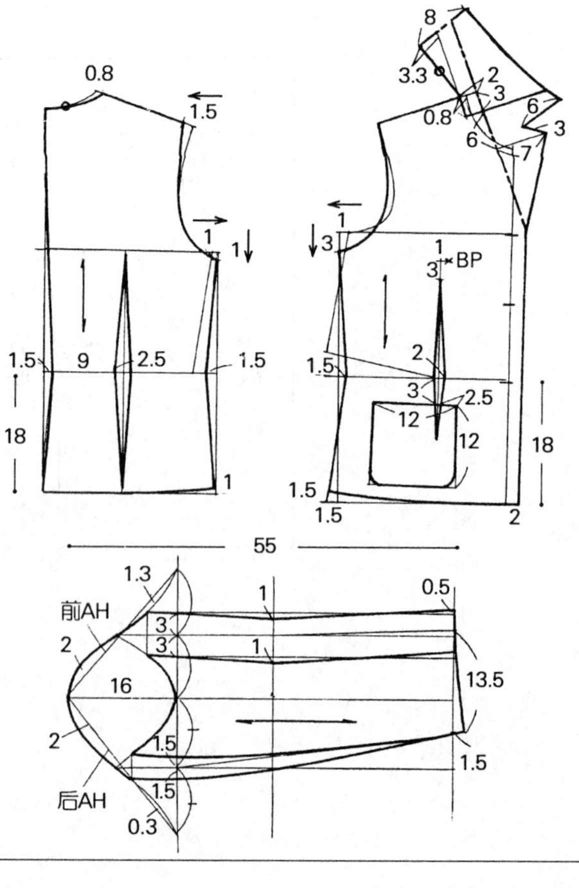

4－6－2

此款式为连驳领结构，是西装领变化之一，左右两只圆角贴袋。面料可采用精纺毛料或细暗条形织物，能表现女性端庄、大方、成熟之美。

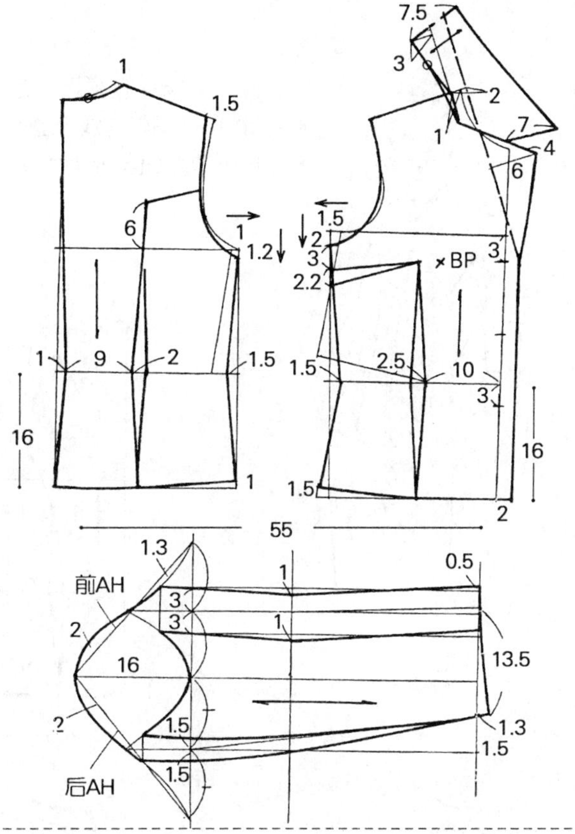

此款式为春秋季短套装，窄肩、收腰，腋下省与胸腰省成为衣片的分割线。面料可选用女式薄呢、精纺羊毛类较高档的面料，挺括潇洒。

4－6－3

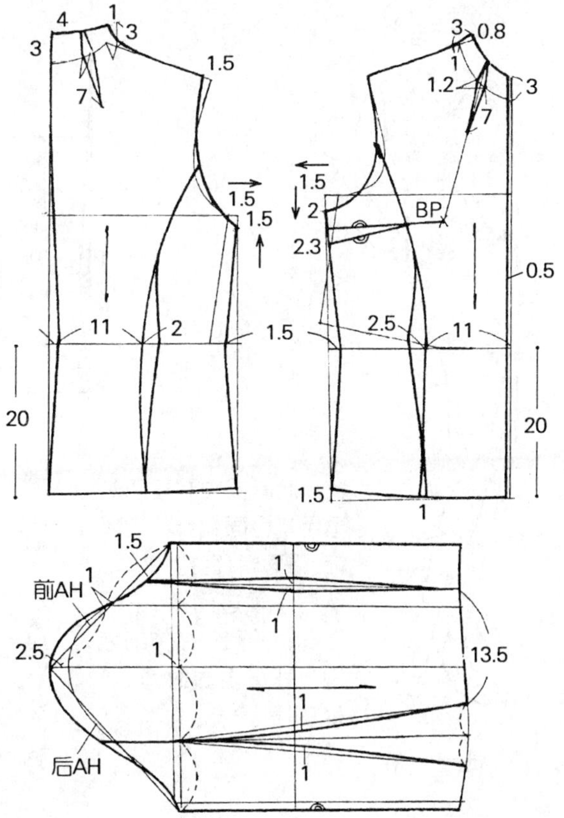

此款式为连立领、前领省可以通过腋下省的转移，门襟开口可装拉链，也可做暗门襟、并缉以明线，此款式适于现代女性工作、外出穿着。

4－6－4

此款式以连立领与滚边为设计要点，配以不同的曲线分割使服装既有古典情趣、又呈现时代美感。

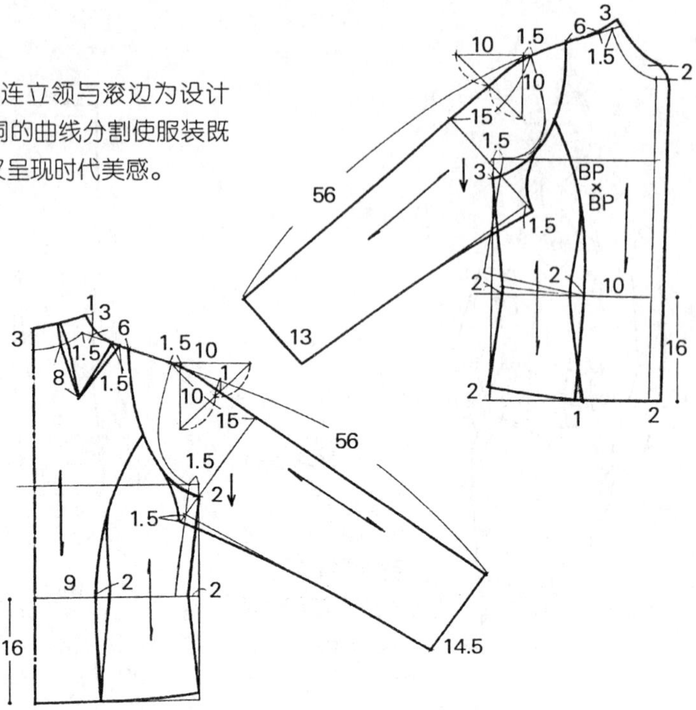

4－6－5

4－6－6

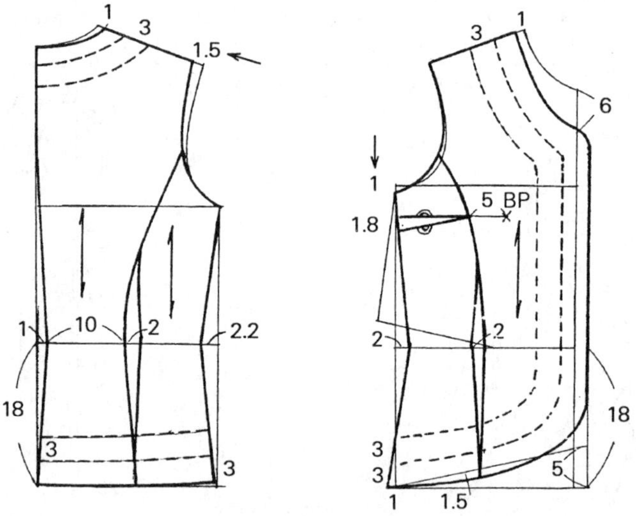

此款式主要特色为运用本色面料作花边装饰，将面料(密挎)抽裥，然后沿领边门襟、下摆缉缝，在简洁、合体的结构衬托下更显时尚、可爱及时代气息。

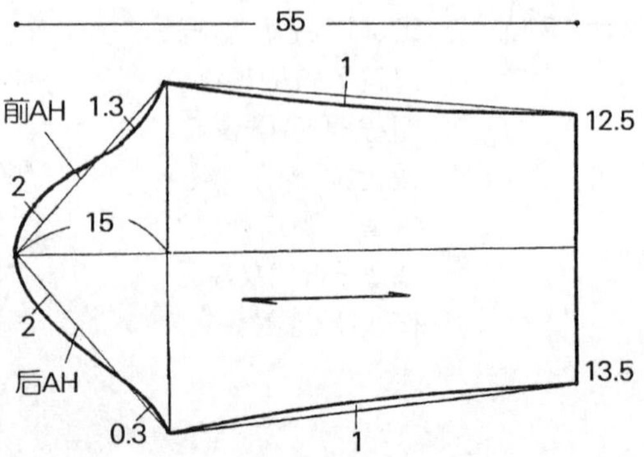

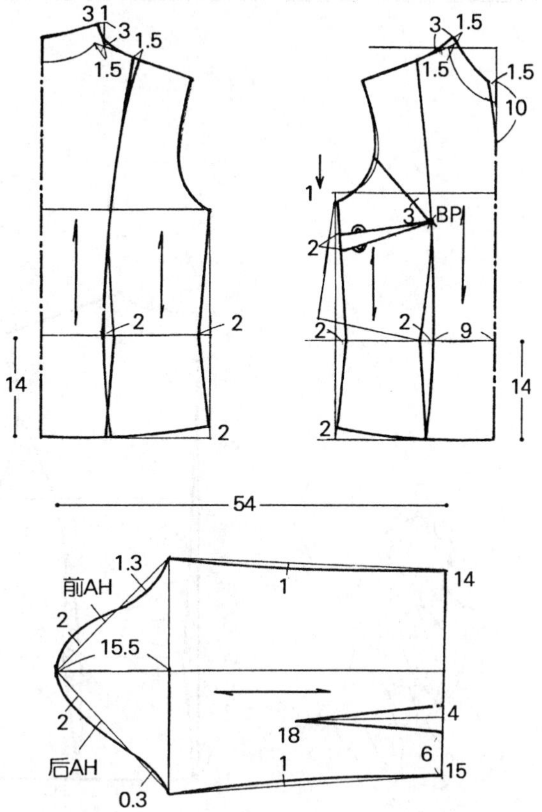

此款式为连立领、中间开口，并通过公主线与袖笼省的结构变化，能较好地体现出成熟女性的风采。

4－6－7

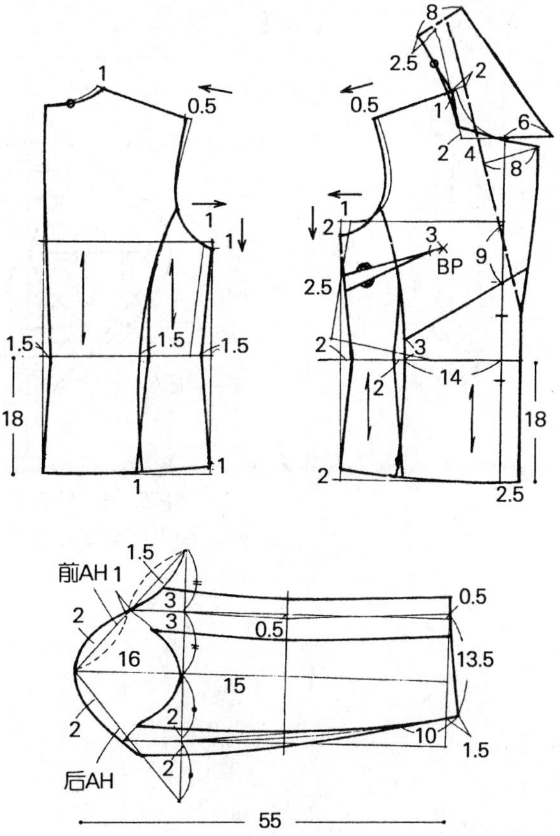

此款式为典型的套装结构，在略加改变的领子基础上将前中片腰部斜线分割，与胸省呼应，能体现都市女性知识型的气质，但要求工艺精细。

4－6－8

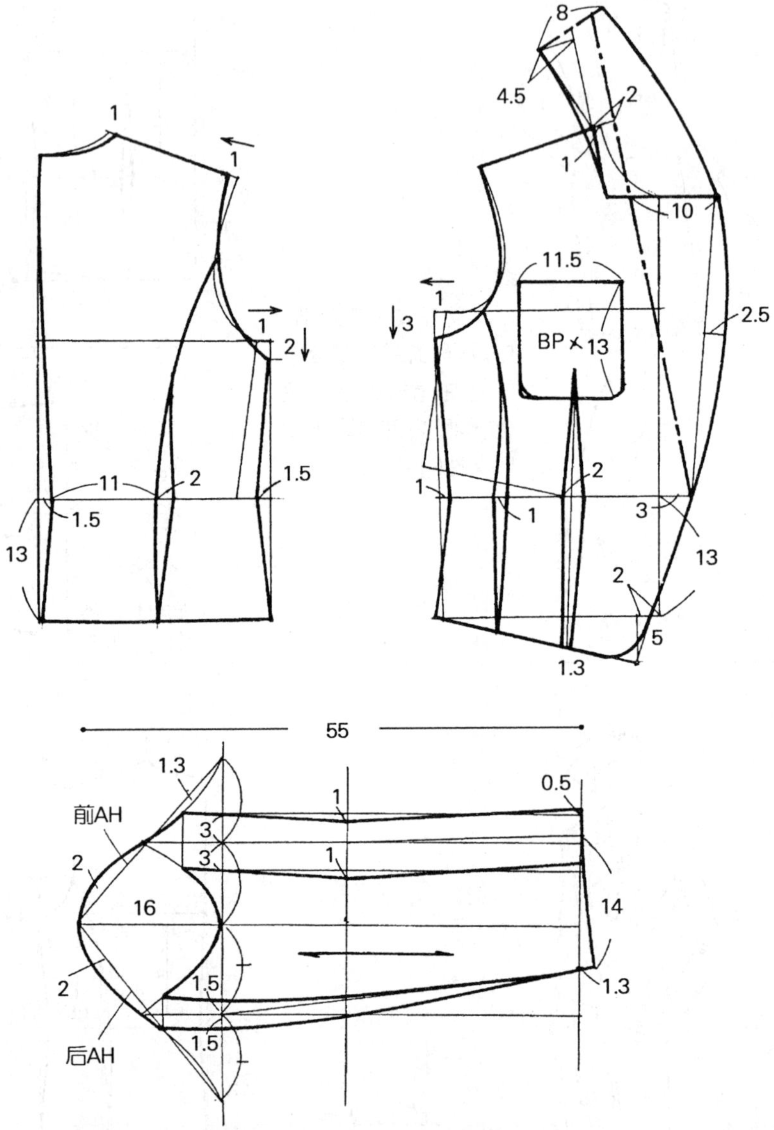

4－6－9

此款式是一件青果领，一粒扣女套装，门襟与下摆成斜形，左右两只胸贴袋使人显得年轻与活泼。宜选用薄型毛料类、精纺面料。

第七节　风　　衣

风衣。风衣一般是指具有防寒、防风、防尘等作用的外套。风衣式样美观，实用性强，用途广泛，漂亮的风衣可以使女性更显得时尚与气质。风衣长度的变化与大衣相似，常见的款式有猎装式、斗篷式、运动式、衬衫式、浴袍式等。从外观上看，风衣的缉线、肩袢、腰带等比大衣丰富而随意，领子有翻领、立领、驳领等，袖子有与大衣类似的各种袖型，帽子常采用装卸式，风衣面料的色彩可以丰富多彩，惟高档次的风衣以黑色、深藏青色为多。

图 4－7－0　几种风衣

此款式是一件长至膝盖的中长合体风衣，平驳领、一粒扣、双嵌线挖袋，整件衣服简洁、明快，重要的是搭配效果，同样不同凡响。

4－7－1

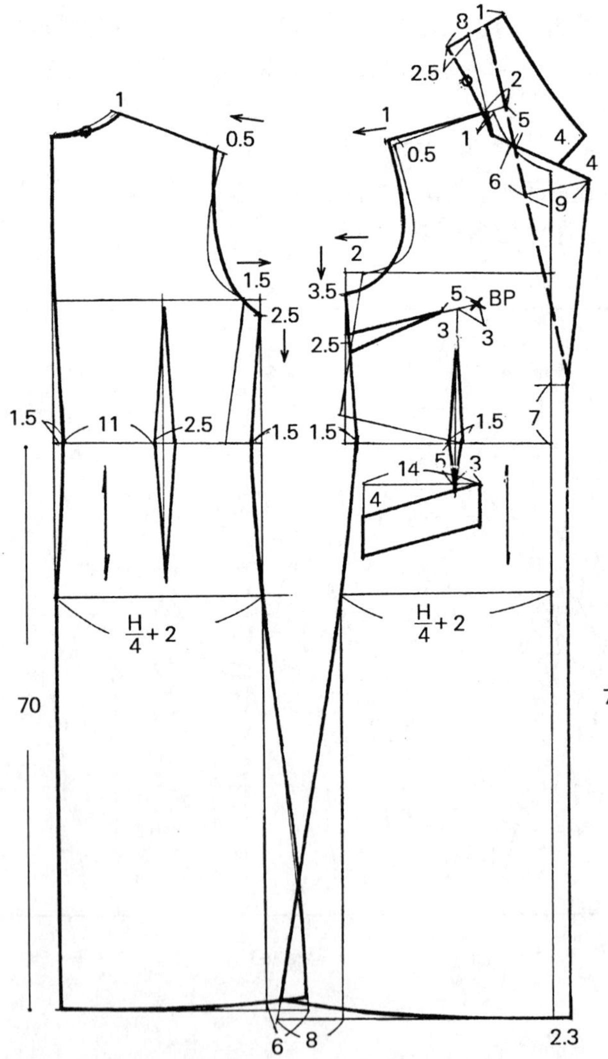

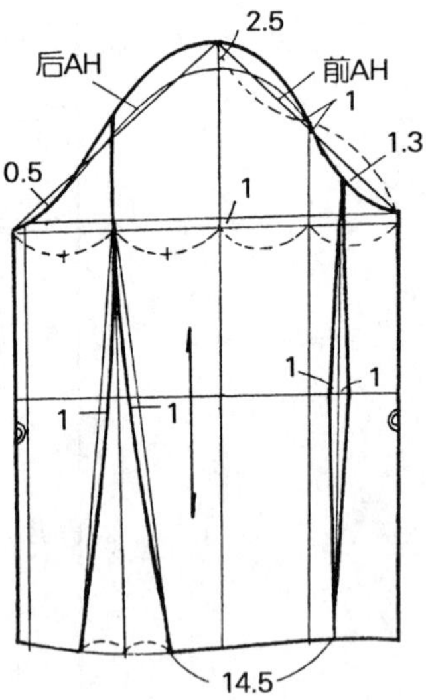

4－7－2

此款式是一件比较休闲的中长外套，翻驳领，在腰部采用横向分割，可以缉明线或皮条，左右两只圆角贴袋，面料可采用新颖时装面料或合成革。

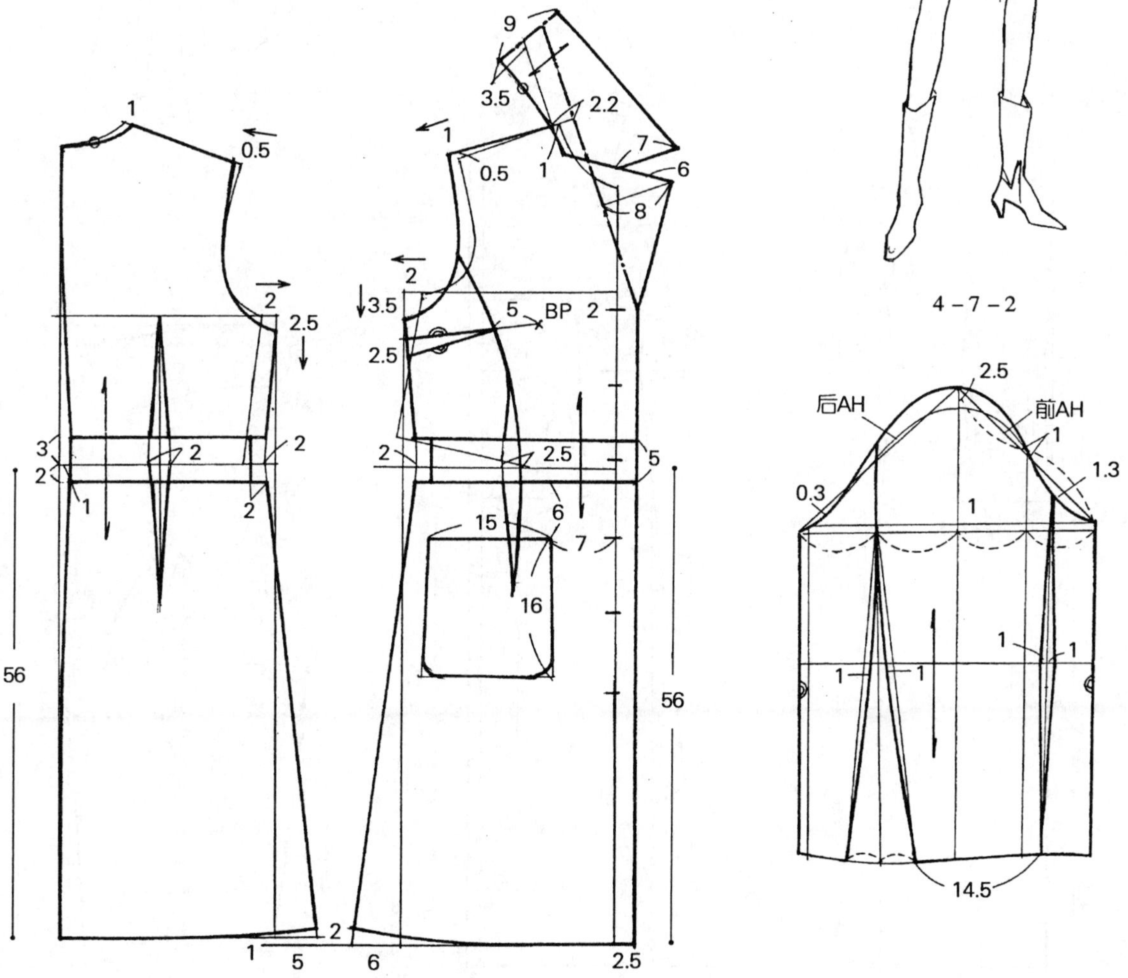

此款式采用高腰节的风格分割，线条流畅，造型合体优雅，展现了活泼大方的现代女性风采，左右挖袋与胸腰省相融合，钮扣相对靠近偏上。

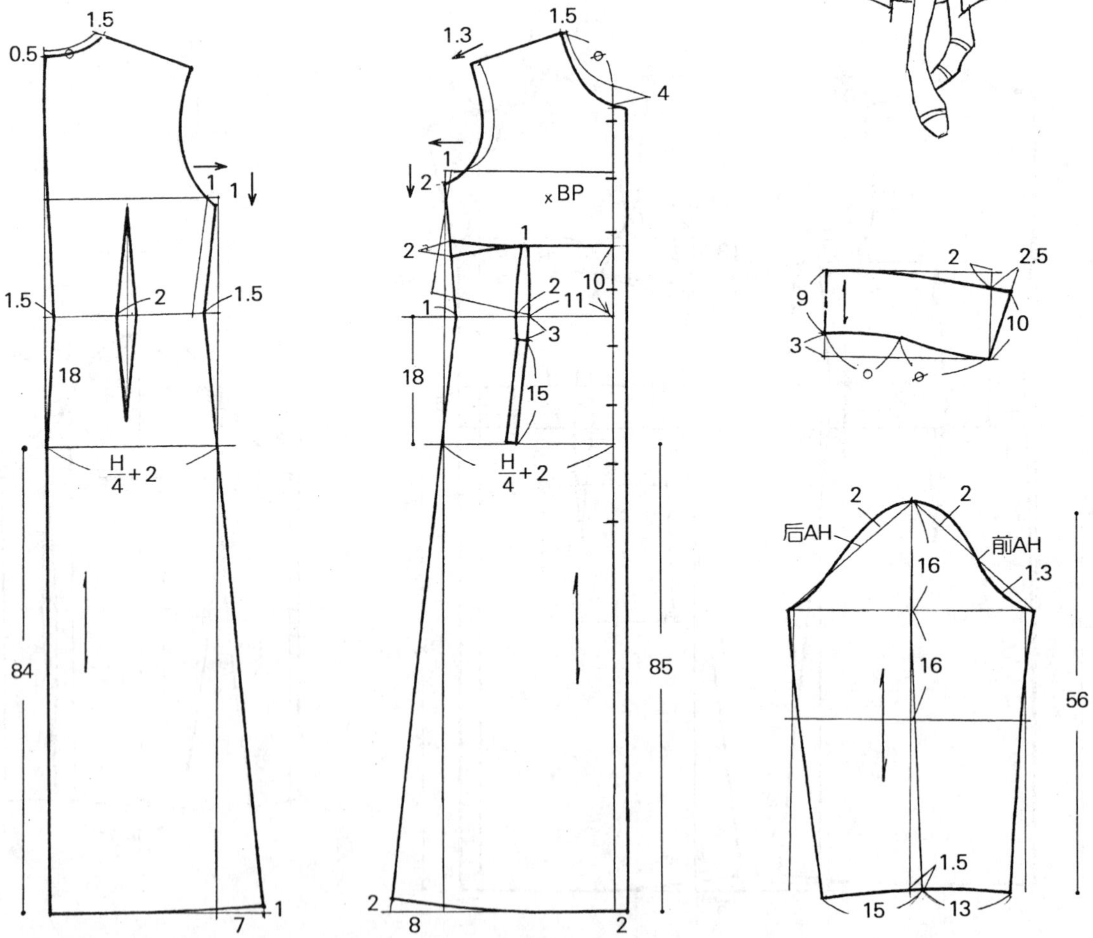

4－7－3

该款式是近年来比较流行的一种休闲合体外套，初看上去似两件套套装，实际上是一件较为简洁、立领、前中拉链的长外套，它主要利用腰带的装饰给人以另一种感觉，注意腰带的流苏和腰部的位置定位，面料可以用仿麂皮或核桃绒。

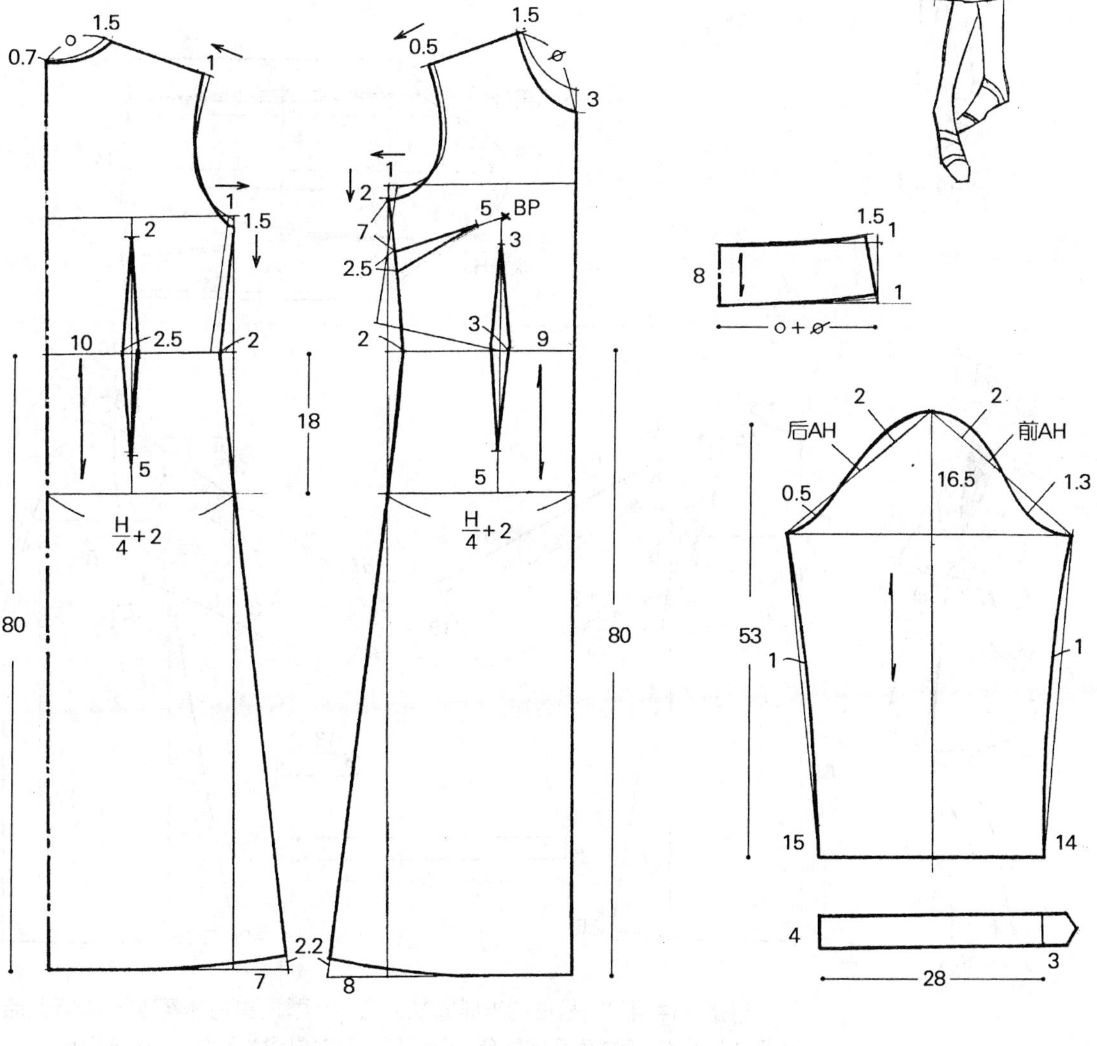

4－7－4

此款式主要特点是连立领、偏门襟，用搭扣袢固定门襟，领边、门襟可以缉明线，衣长为一手长。

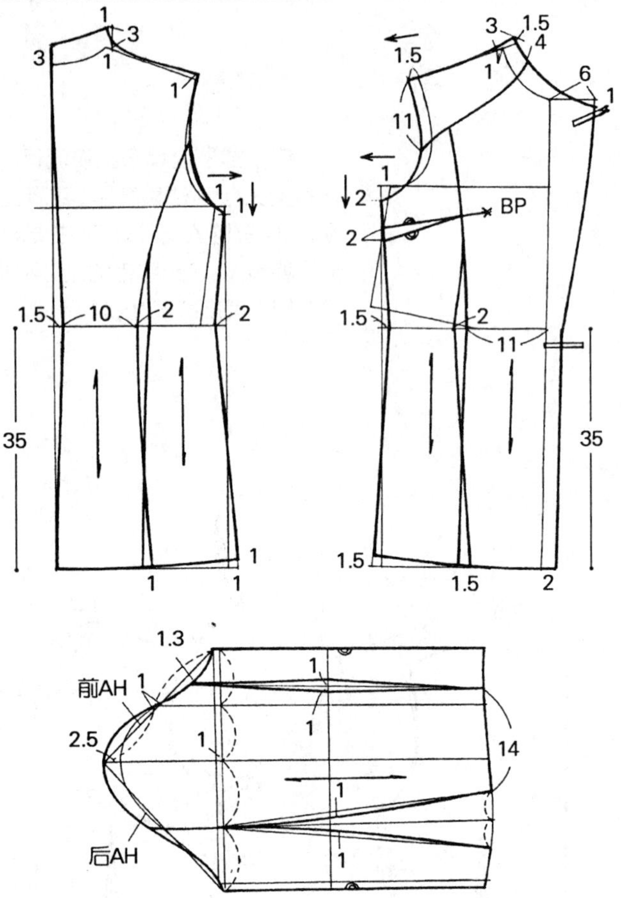

4－7－5

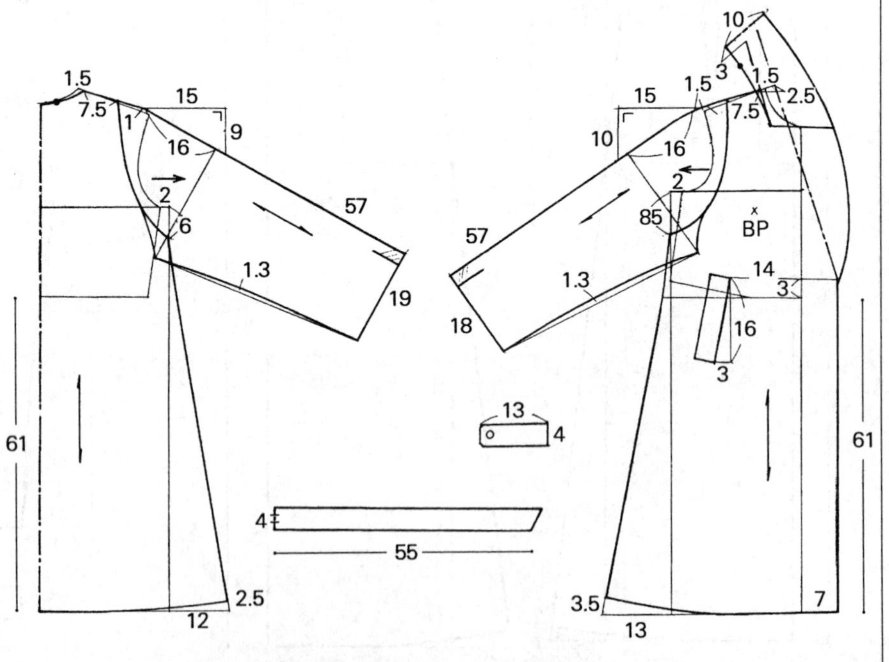

这是一件相对宽松形的半插肩袖外套，青果领，具有朴素怀旧的心理，随意简洁的风格，面料可采用黑色、米色或艳色羊绒呢或垂性好的化纤面料。

4－7－6

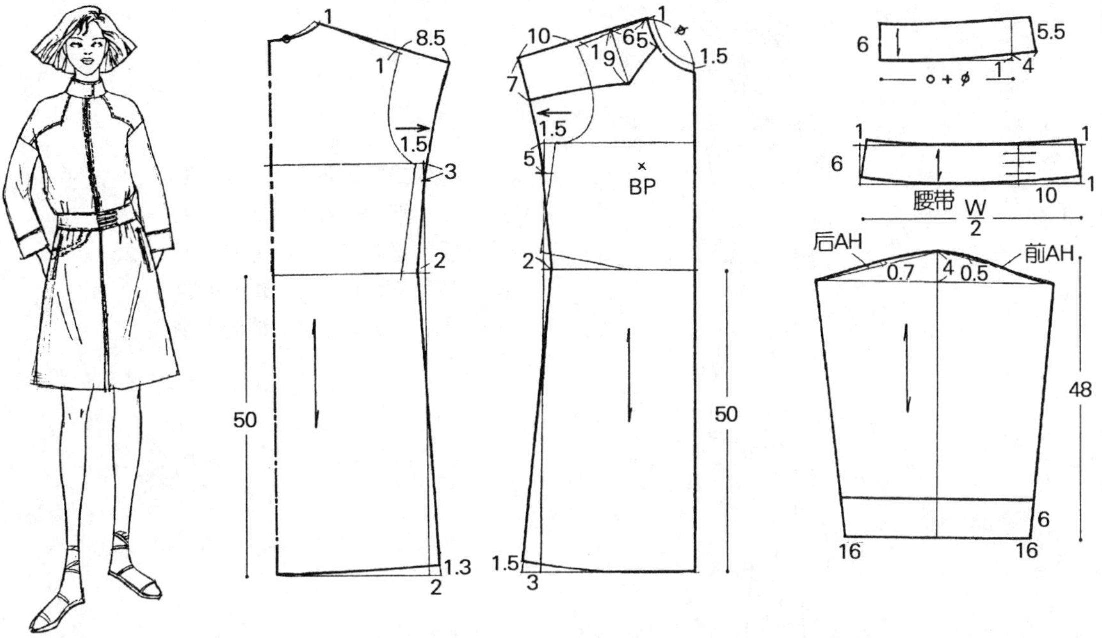

4－7－7

此款式的特点是中长外套，插肩袖结构加以变化，融插肩、落肩为一体，立领偏搭门，门襟采用明拉链，同时别忘了同色面料腰带。

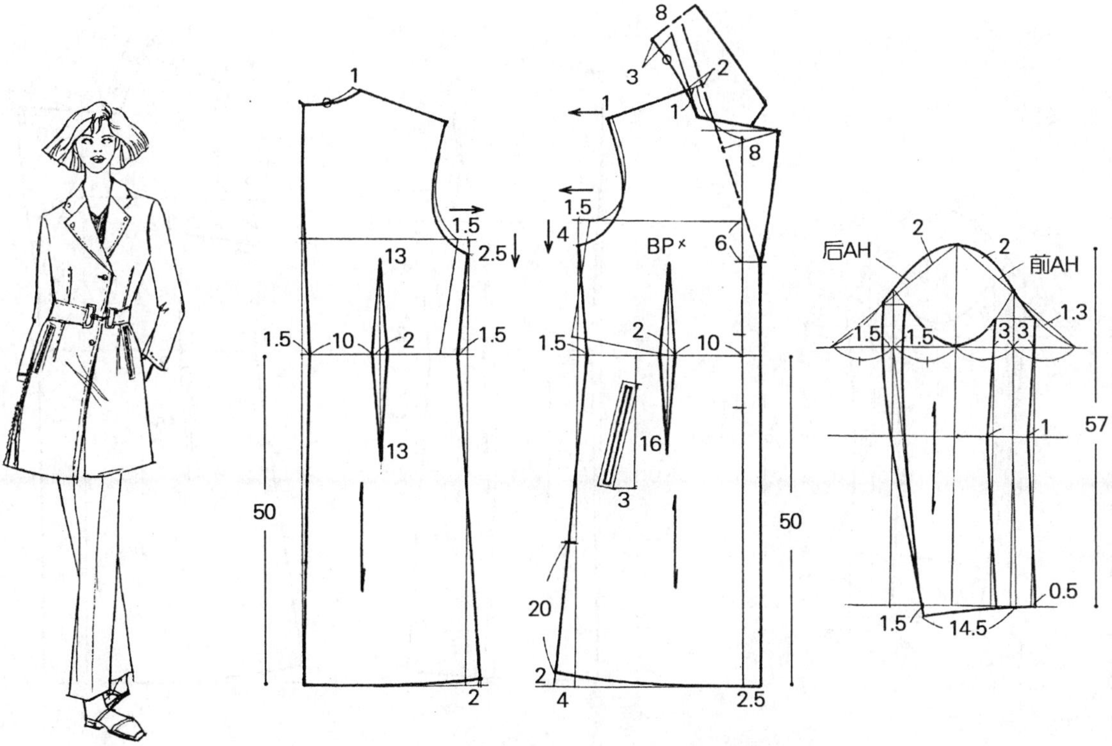

4－7－8

此款式为平驳领，左右两腰省与挖袋均缉明线，衣服右下摆用拉链开衩，既有功能性又有装饰性，注意在领子驳头起缉明线至下摆。

此款式为蟹钳领造形，双排扣，袖口用宽翻边，其主要特点是刀背缝与挖袋的连接，在袋口下面没有分割线，因此须通过省道的转移才能获得适当的缝份。

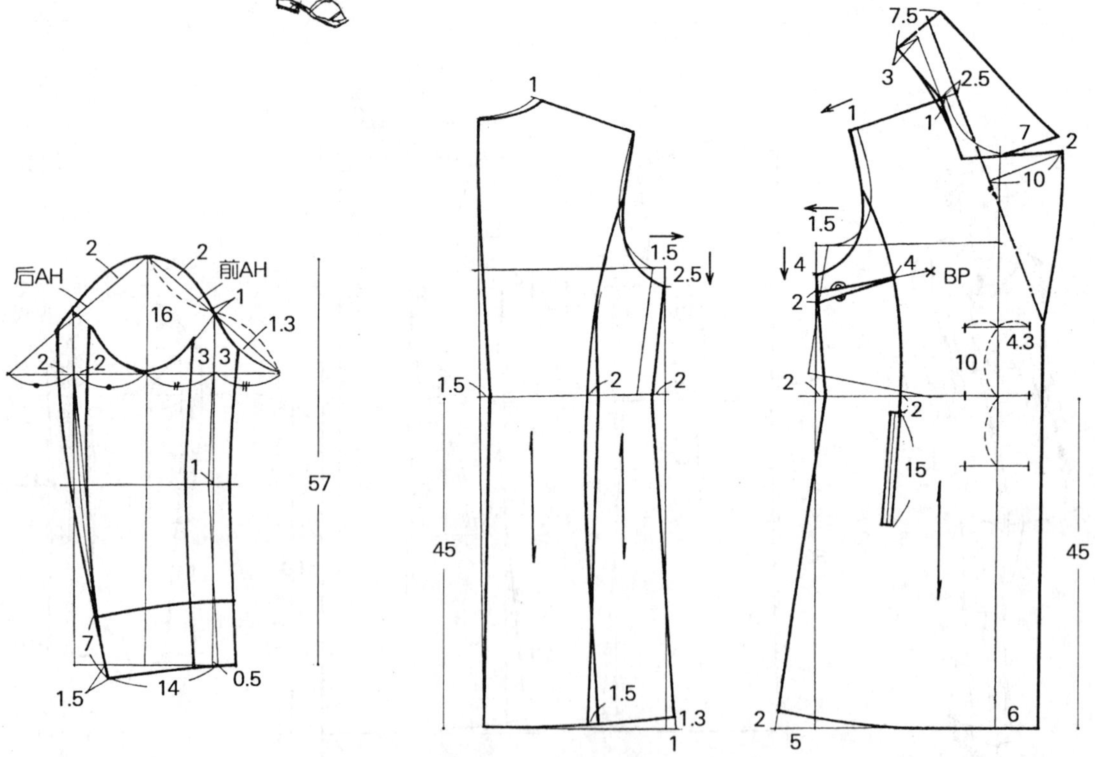

4－7－9

第八节　大　　衣

大衣，通常是指冬季穿在最外面的衣服，它具有防寒、防尘、保暖及装饰等功能的外套服装，随着时装业的日新月异，大衣不仅在冬季穿着，也适用于春秋季节。大衣的设计也灵活多变，从大衣的长度变化有长至踝骨的超长大衣，有长至小腿、过膝的中长大衣和长及大腿的中长大衣：从外形上看，有H形、A形、T形、X形、宽腰型和束腰型等分类，从大衣的局部变化看有领子、袖子、口袋、门襟等变化，大衣的领子一般有翻领式、驳领、连帽等变化，袖子一般有装袖、连袖、插肩袖等变化，口袋有贴袋、插袋、挖袋等变化。

图4－8－0　几种大衣

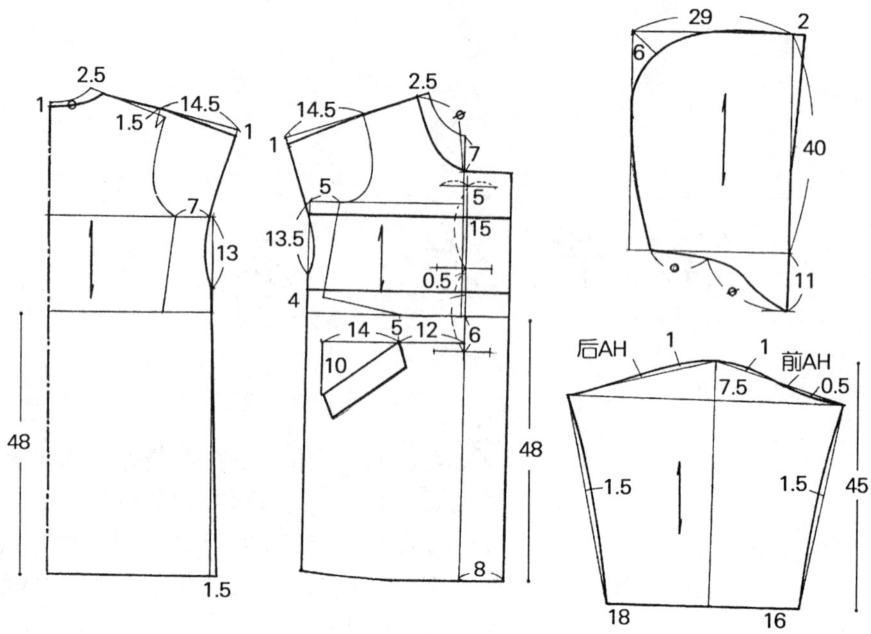

此款式是一件带帽子、落肩袖、双排扣宽松大衣，前胸与袖子上部采用了别布相拼，平凡中有变化，请注意钮扣能起到画龙点睛的作用，帽子的边缘和门襟可以用装饰线增加韵味。

4－8－1

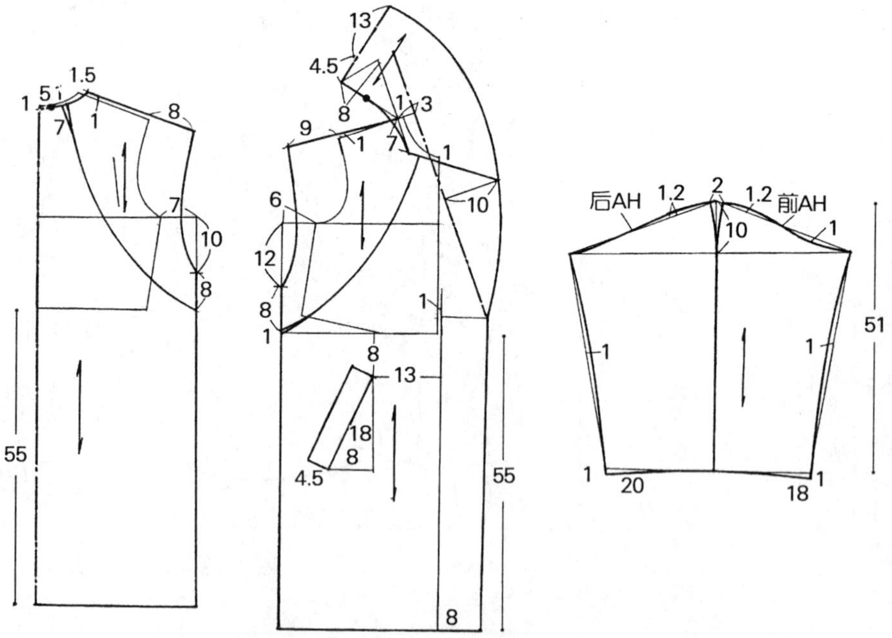

此款式从整体上看，曲线与直线构成富于变化的外形，大圆翻领，前胸衣片采用曲线分割，袖子为落肩袖，下摆处可用绣花、印花等装饰加以点缀。

4－8－2

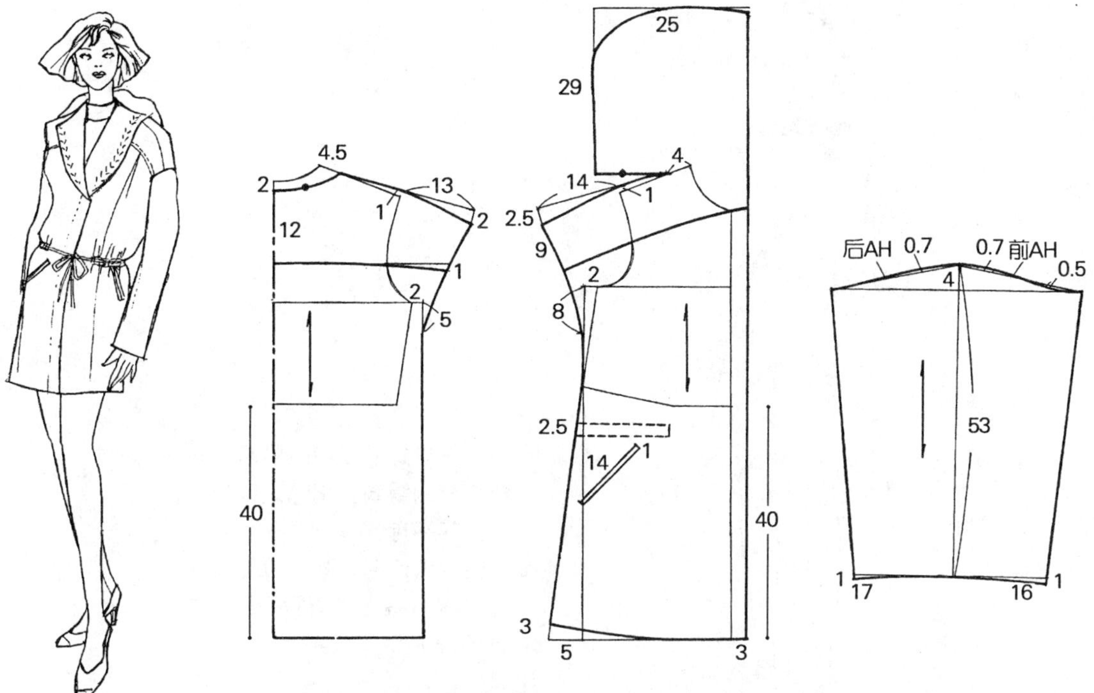

该款式是一件落肩连帽、一手长大衣，前后育克设计、暗门襟，腰部用系带抽缩，显出一种青春无羁，飒爽活泼气息，较适合青年人。

4－8－3

该款式主要特点是连立领，前后肩部曲线形覆肩与插肩袖相结合，下摆通过纸样切开成 A 字形造型，暗门襟更能衬托出其简洁明快的美感。

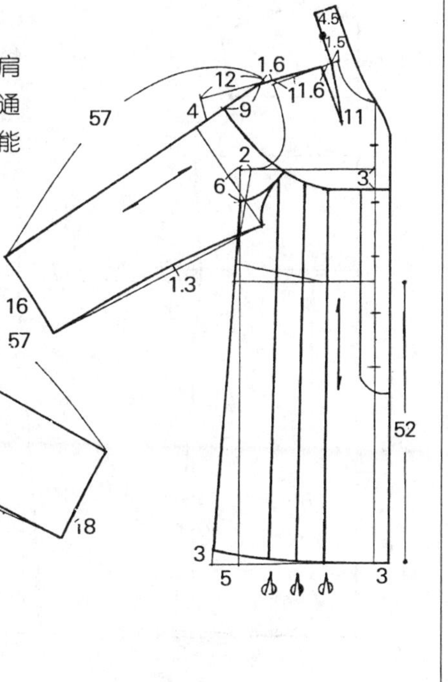

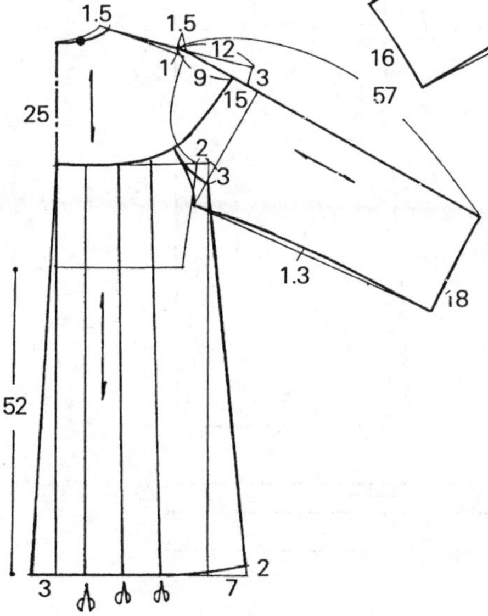

4－8－4

该款式设计特点是通过面料本身的缉线变化给人以眼睛一亮的感觉，领子有两种形式，外层用人造毛，可以脱卸。表现出一种青春无羁，飒爽活泼气息，较适合青年人。

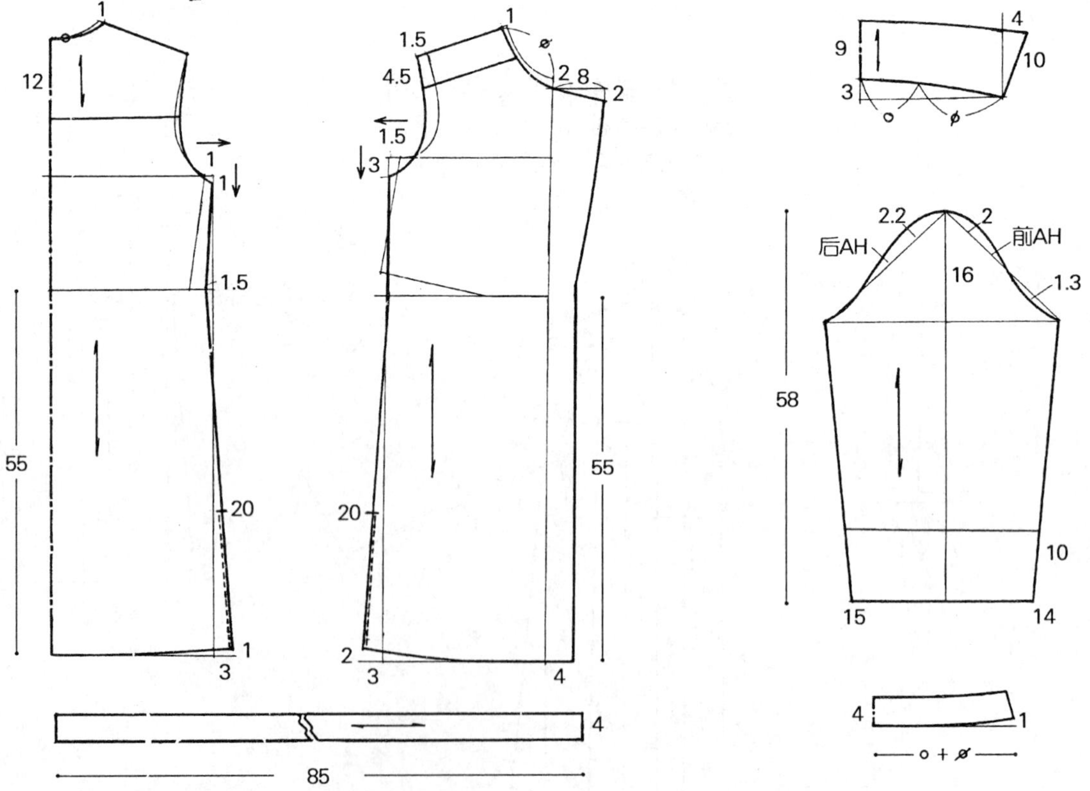

4－8－5

该款式的设计特点是门襟的变化，双层与缉线相结合，以及左右挖袋的缉线，覆肩、袖笼的缉线更加烘托了其时尚、休闲的设计意念。

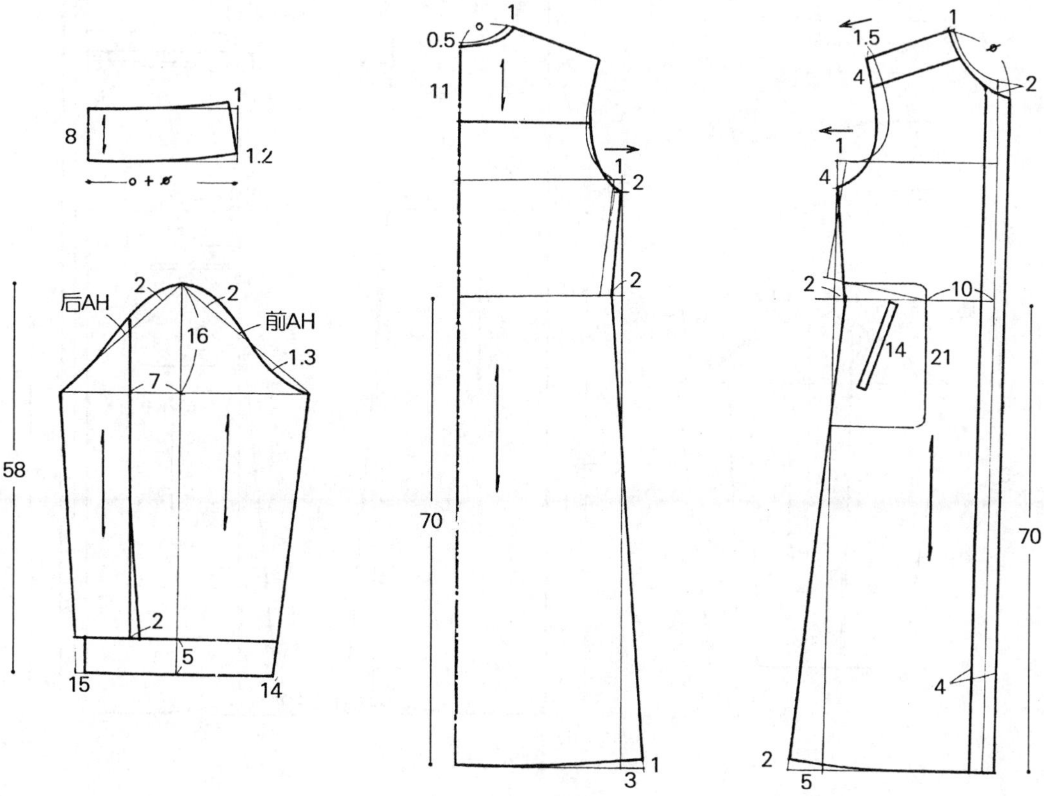

4－8－6

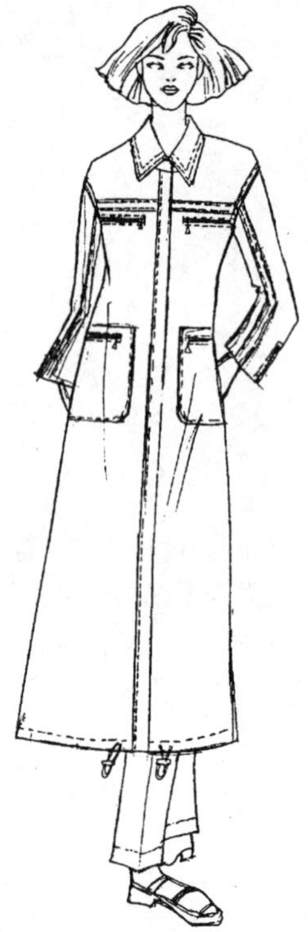

该款式是一件休闲风格的大衣，面料宜选择具有一定垂性及毛绒类织物，其特点是用合成格或皮条进行缉线和口袋、袖开衩用明拉链为设计元素，外层领子也可脱卸，下摆的抽带仅是一种装饰。

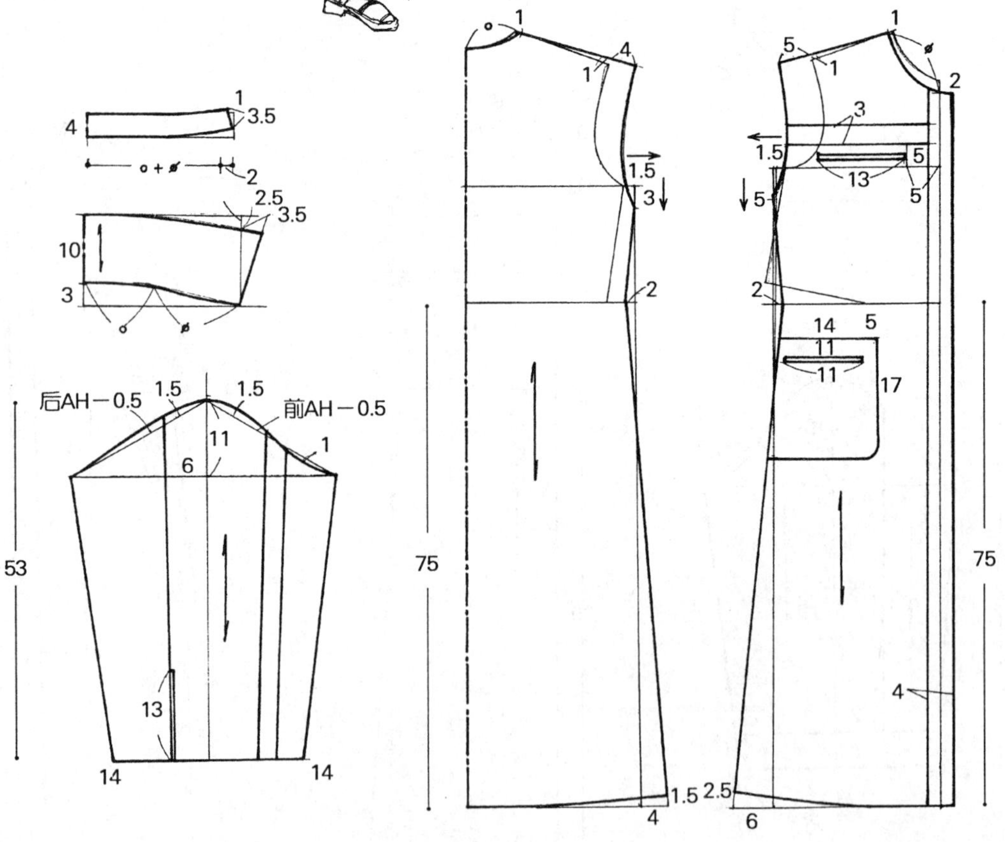

4－8－7

绘图：梁　炜　张芬芬　徐麟健　叶菀茵